# Servicio básico de alimentos y bebidas y tareas de postservicio en el restaurante

Beatriz Mesas Maestra

ic editorial

**Servicio básico de alimentos y bebidas y tareas de postservicio en el restaurante**
© Beatriz Mesas Maestra


1ª Edición

© IC Editorial, 2024

Editado por: IC Editorial
c/ Cueva de Viera, 2, Local 3
Centro Negocios CADI
29200 Antequera (Málaga)
Teléfono: 952 70 60 04
Fax: 952 84 55 03
Correo electrónico: iceditorial@iceditorial.com
Internet: www.iceditorial.com

ISBN: 978-84-1184-507-6
Depósito Legal: MA-2882-2024

Impresión: PODiPrint
Impreso en Andalucía – España

Nota de la editorial: IC Editorial pertenece a Innovación y Cualificación S. L.

## Presentación del manual

El **Certificado de Profesionalidad** es el instrumento de acreditación, en el ámbito de la Administración laboral, de las cualificaciones profesionales del Catálogo Nacional de Cualificaciones Profesionales adquiridas a través de procesos formativos o del proceso de reconocimiento de la experiencia laboral y de vías no formales de formación.

El elemento mínimo acreditable es la **Unidad de Competencia.** La suma de las acreditaciones de las unidades de competencia conforma la acreditación de la competencia general.

Una **Unidad de Competencia** se define como una agrupación de tareas productivas específica que realiza el profesional. Las diferentes unidades de competencia de un certificado de profesionalidad conforman la **Competencia General,** definiendo el conjunto de conocimientos y capacidades que permiten el ejercicio de una actividad profesional determinada.

Cada **Unidad de Competencia** lleva asociado un **Módulo Formativo,** donde se describe la formación necesaria para adquirir esa **Unidad de Competencia,** pudiendo dividirse en **Unidades Formativas.**

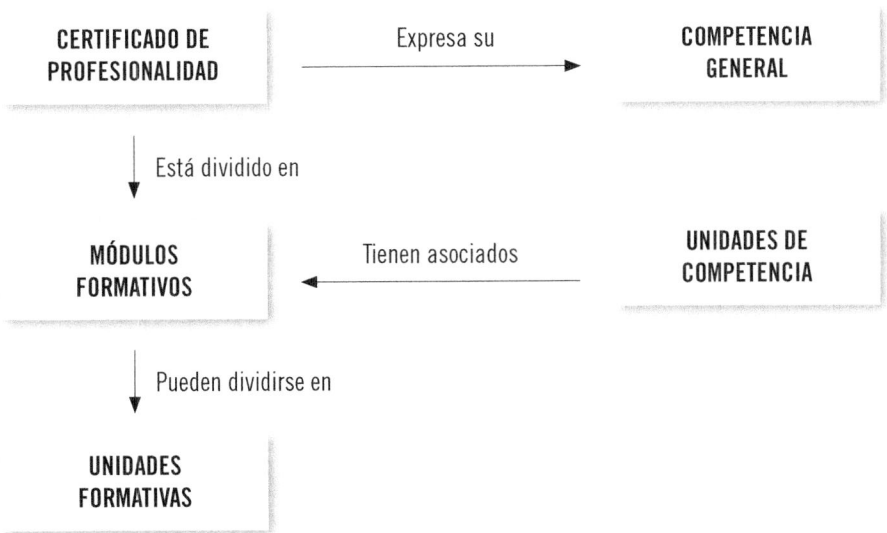

El presente manual desarrolla la Unidad Formativa **UF0059: Servicio básico de alimentos y bebidas y tareas de postservicio en el restaurante,**

perteneciente al Módulo Formativo **MF0257_1: Servicio básico de restaurante-bar,**

asociado a la unidad de competencia **UC0257_1: Asistir en el servicio de alimentos y bebidas,**

del Certificado de Profesionalidad **Operaciones básicas de restaurante y bar**

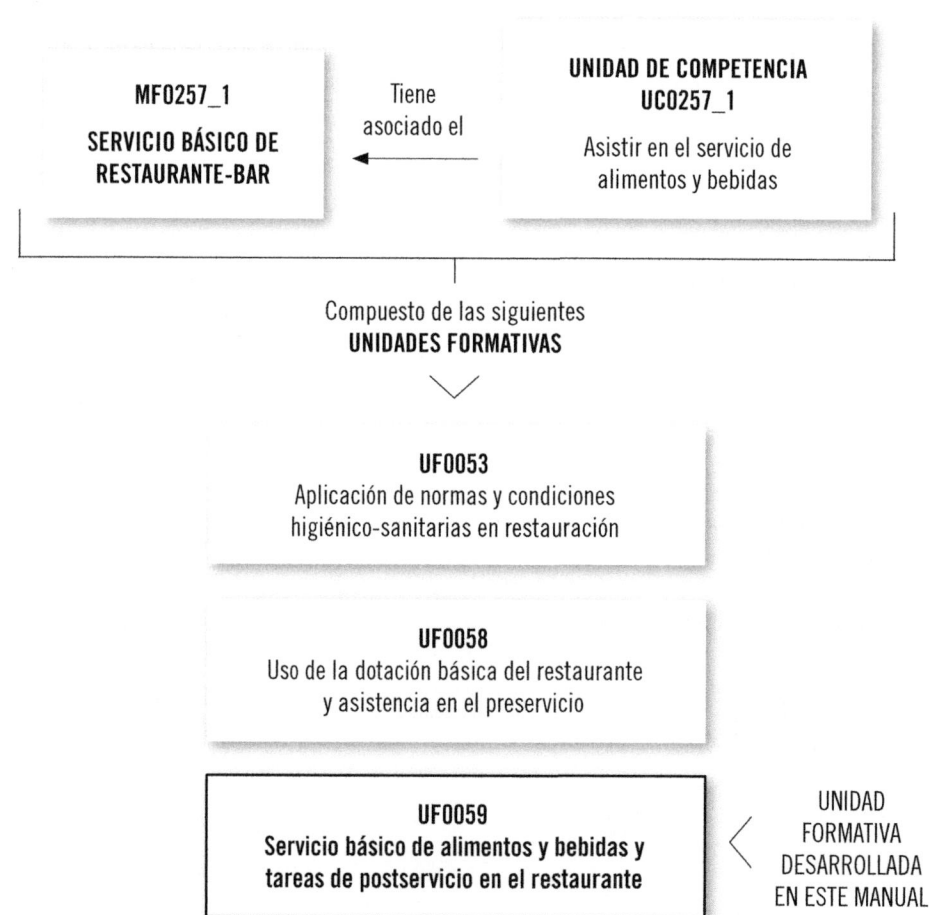

## FICHA DE CERTIFICADO DE PROFESIONALIDAD

### (HOTR0208) OPERACIONES BÁSICAS DE RESTAURANTE Y BAR (R. D. 1376/2008, de 1 de agosto, modificado por el R. D. 619/2013, de 2 de agosto)

**COMPETENCIA GENERAL:** Asistir en el servicio y preparar y presentar bebidas sencillas y comidas rápidas, ejecutando y aplicando operaciones, técnicas y normas básicas de manipulación, preparación y conservación de alimentos y bebidas

| Cualificación profesional de referencia | | Unidades de competencia | Ocupaciones o puestos de trabajo relacionados: |
|---|---|---|---|
| HOT092_1 OPERACIONES BÁSICAS DE RESTAURANTE Y BAR<br><br>(RD 295/2004, de 20 de febrero de 2007) | UC0257_1 | Asistir en el servicio de alimentos y bebidas | • Ayudante de camarero<br>• Ayudante de bar<br>• Ayudante de economato<br>• Auxiliar de colectividades<br>• Empleado de pequeño establecimiento de restauración |
| | UC0258_1 | Ejecutar operaciones básicas de aprovisionamiento, y preparar y presentar bebidas sencillas y comidas rápidas | |

## Correspondencia con el Catálogo Modular de Formación Profesional

| Módulos certificado | Unidades formativas | Horas U.F. |
|---|---|---|
| **MF0257_1: Servicio básico de restaurante-bar** | UF0053: Aplicación de normas y condiciones higiénico-sanitarias en restauración | 30 |
| | UF0058: Uso de la dotación básica del restaurante y asistencia en el preservicio | 30 |
| | UF0059: Servicio básico de alimentos y bebidas y tareas de postservicio en el restaurante | 60 |
| MF0258_1: Aprovisionamiento, bebidas y comidas rápidas | UF0053: Aplicación de normas y condiciones higiénico-sanitarias en restauración | 30 |
| | UF0060: Aprovisionamiento y almacenaje de alimentos y bebidas en el bar | 30 |
| | UF0061: Preparación y servicio de bebidas y comidas rápidas en el bar | 60 |
| MP0015: Módulo de prácticas profesionales no laborales | | 80 |

# Índice

# Capítulo 1
# Servicio de alimentos y bebidas y atención al cliente en restauración

# Contenido

## 1. Introducción

Un servicio correcto de alimentos y bebidas en restauración implica tener conocimientos tanto de la fórmula de restauración gastronómica a cubrir como de las técnicas de servicio, diferenciando entre los servicios según el rango horario, así como las modalidades relacionadas con la asistencia en las habitaciones, bufé y servicios especiales en colectividades.

Para todo servicio es fundamental el uso de la comanda, debiéndose conocer tanto su recorrido como las distintas modalidades, destacando, además de la comanda tipo, la denominada *retour* y *suite.*

Finalmente, todo servicio requiere de personal especializado, siendo fundamental dominar las técnicas básicas de atención al cliente, así como saber aplicar las modalidades sencillas de facturación y cobro, ofreciendo una imagen de profesionalidad.

## 2. Tipos de servicio según la fórmula de restauración

Hoy en día se puede decir que la gastronomía se ha convertido en uno de los pilares más importantes de la vida cotidiana. Si se entiende por gastronomía todo aquello que hace referencia al servicio de comidas y bebidas. Es indispensable diferenciar entre los distintos tipos de servicio que existen en relación con la fórmula de restauración en cuestión.

Así pues, resulta evidente decir que el trato al cliente no será el mismo en un establecimiento de comida rápida, en un hotel de lujo o en bufé libre.

Por ello, la labor será, en adelante, saber diferenciar los tipos de servicio y actuar en consecuencia con cada uno de ellos en las diferentes situaciones que se presenten en el trabajo, para poder ofrecer un trato correcto al cliente y conseguir un servicio satisfactorio.

## 2.1. Fórmulas de restauración

En primer lugar, para conocer los distintos tipos de servicio existentes, se ha de hacer una diferenciación entre las fórmulas de restauración que se conocen, por tanto, a continuación se desarrollarán cada una de ellas, diferenciando entre restauración tradicional, neorestauración y restauración complementaria u hotelera.

### Restauración tradicional

La restauración tradicional, encuadra al restaurante tradicional, cafeterías y café-bares.

#### *Restaurante tradicional*

Se entiende por restaurante como el local o establecimiento destinado a la venta de comida y bebida que va a ser consumida en el mismo local. Se ha de excluir de este término a las cafeterías, comedores escolares o de empresa, o comedores de hoteles, como establece la normativa hotelera.

En un restaurante de servicio tradicional en mesa, se encuentran diferentes tipos de servicio con un denominador común: el camarero es el encargado de llevar a la mesa el plato que el cliente ha elegido.

A lo largo de la historia de la gastronomía, han ido sucediendo distintos tipos de servicio que se adecúan a cada tipo de comensal, en consecuencia con sus exigencias. Por ello, se distinguen varios tipos:

- **Servicio emplatado.** También conocido como servicio a la americana. Se caracteriza porque los platos salen de la cocina totalmente terminados y directamente hasta el comensal. Es el servicio más utilizado en la actualidad, ya que es una forma rápida y sobre todo cómoda para el cliente. Se sirve siempre por la derecha. En algunos restaurantes de alto nivel, todavía se pueden encontrar este servicio ofrecido con campana, que sigue siendo de las formas más románticas y curiosas de servir un plato.

*Camarero sirviendo plato con campana*

**▮ Servicio a la francesa.** El camarero presenta los alimentos por la izquierda y es el propio comensal el que se sirve directamente en su plato, con la comida se presentan también los cubiertos para tal fin. Es un servicio lento y que prácticamente está en desuso.

**▮ Servicio a la rusa.** Es en el que el camarero prepara los alimentos en una mesa auxiliar o gueridón a la vista del cliente para después servirlos. Aunque es un tipo de servicio ciertamente atractivo, ya solo se utiliza en restaurantes muy exclusivos.

Dentro de esta modalidad se deben destacar los platos que se deben terminar delante del cliente, como por ejemplo, algún asado que precise ser trinchado, o pescados asados que deben ser desespinados ante el comensal.

También es preciso citar el servicio a la rusa que se realiza mediante la terminación de platos en *rechaud*, que es un dispositivo que se coloca en la mesa auxiliar y que permite la terminación de los platos en caliente delante del comensal. El *rechaud* se utiliza para dar un toque de espectacularidad a ciertos platos como los flambeados o la terminación de otros que no precisan de una gran elaboración.

**▮ Servicio a la inglesa.** El camarero presenta los alimentos por la izquierda al comensal en una fuente, y utilizando los cubiertos apropiados le sirve directamente en su plato. Es un servicio algo más rápido que a la francesa pero aún resulta un tanto pesado, por lo que también está en declive.

*Tanto el servicio a la inglesa como a la francesa denotan una gran profesionalidad del personal de servicio y aunque en declive, es común en el servicio de eventos de gran categoría.*

▌ **Servicio en gueridón.** El gueridón es una mesa auxiliar que sirve de apoyo en las labores del camarero. Se parece mucho al servicio a la rusa. La diferencia es que el camarero presenta primeramente la fuente o el plato con los alimentos, que ya vienen preparados de la cocina, entonces se retira al gueridón para porcionar la comida y repartirla entre los comensales.

### Cafeterías

Son aquellos establecimientos donde se sirve al público bebidas en general, además de helados, batidos, infusiones etc., además de servir platos fríos o calientes combinados o simples a cualquier hora mientras el establecimiento esté de servicio.

El servicio en las cafeterías se realiza en la mayoría de los casos, en la barra o mediante un mostrador, lo que hace que el trato al cliente sea más cercano y discernido, aunque no por ello menos correcto.

Las cafeterías son el elemento perfecto para ofrecer un servicio rápido al cliente y que se adecúa a los tiempos que corren.

### Café-bares

En este grupo, se encuentran establecimientos tales como: cafés, bares, tascas, pubs, discotecas, salas de fiesta, etc. El servicio en este tipo de locales se realiza, al igual que en las cafeterías, mediante la barra.

No precisa del servicio de comida, aunque en ciertos lugares es habitual que se sirvan tapas, bocadillos o platos sencillos para lo que se acogen a la licencia de cafetería a efectos legales.

## Neorestauración o restauración moderna

Se trata del conjunto de establecimientos que nacen con la determinación de cubrir las necesidades alimenticias de la sociedad actual que, desde hace varios años, está muy condicionada por la falta de tiempo, y que permite cierta flexibilidad en los horarios de las comidas, encontrando la solución a la apretada vida laboral o estudiantil que acompaña en la actualidad. Lo cierto es que, hoy día se puede encontrar casi cualquier producto que se necesite a cualquier hora.

A estos efectos, para cubrir las exigencias de los diversos tipos de clientes que coexisten en el mundo, se encuentran varios tipos establecimientos. Estos se describen a continuación.

### Autoservicio

Esta fórmula de restauración está caracterizada porque es el propio cliente el que elige y se sirve la comida y la lleva a la mesa donde será degustada. Es un sistema rápido y sobre todo económico, ya que se requiere bastante menos personal.

Dentro de esta modalidad se encuentran varias formas de autoservicio, como:

- **Autoservicio en línea.** Este sistema se compone de una serie de mesas o mostradores equipados para que los alimentos se mantengan fríos o calientes en cada caso. Están dispuestos en línea, donde los comensales pueden ver los platos dispuestos consecutivamente. De esta manera, se forma una cadena que empieza con la recogida de la bandeja, donde el cliente transportará su comida, junto con los cubiertos, servilletas, etc. Una vez recogidos los cubiertos, comienza la elección de la comida; primero los platos fríos, ensaladas y entrantes calientes, seguidamente segundos platos y por último los postres y las bebidas frías y calientes.

Todo ello será transportado en la bandeja que se arrastra por unos soportes situados en la trayectoria de la sucesión de platos, y que termina en la caja donde se contabiliza el total de la comida elegida y se paga.

**Ejemplo de autoservicio en línea**

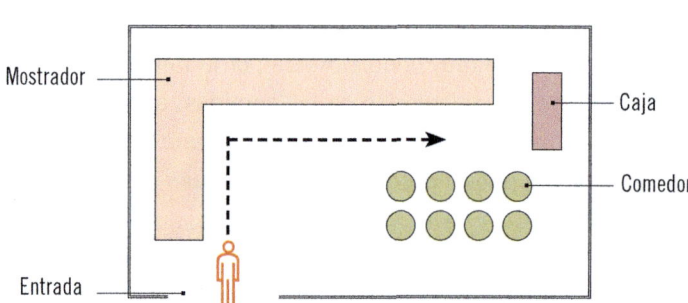

- **Autoservicio en islas.** Se diferencia del anterior en la disposición de los mostradores que también están acondicionados para la conservación de los alimentos en perfecto estado.

En este caso, se dispone de una serie de islas por el local de manera que cada una de ellas recoge un grupo de alimentos. Así, por ejemplo, se encuentra un mostrador en isla para ensaladas, otro para bocadillos, otro para los postre, etc.

Este sistema responde al problema de tránsito en la distribución de los mostradores en línea haciendo que el servicio sea mucho más dinámico y fluido. De igual manera, una vez cargada la comida en la bandeja se pasa al comedor y en esta intersección es donde está situada la caja donde se contabiliza la comida y se paga.

Ejemplo de autoservicio en isla

Entrada

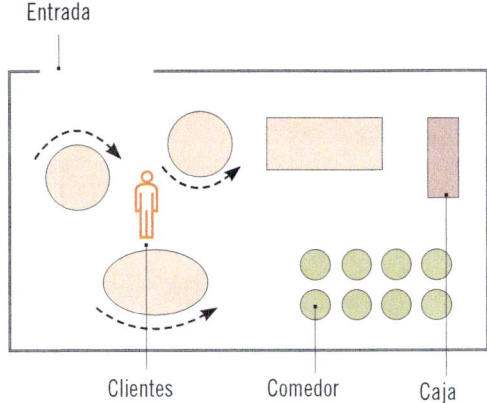

Clientes          Comedor          Caja

En ambos casos la variedad de platos en este tipo de restauración no suele ser muy extensa, dependiendo de la calidad del establecimiento, no obstante es una fórmula muy solicitada, ya que es una forma de comer bastante económica.

### El bufé

Se trata de un tipo se servicio en el que los alimentos se encuentran expuestos de forma muy llamativa generalmente en una sola mesa con la comida presentada a varias alturas, donde el cliente ve y elige los platos que más le apetecen. Puede ser frío, caliente o mixto y los platos suelen ser elaborados de manera que resulte fácil de coger y de comer para los comensales.

Es prácticamente igual que un autoservicio con la salvedad de que los platos que se preparan son decorados con habilidad e ingenio para que resulten atractivos y muy apetecibles para el cliente.

El bufé se ha convertido casi en un arte no solo de la decoración de los alimentos en sí, sino también en la forma de embellecer las mesas, utilizando centros de diversa naturaleza, como flores, frutas, etc., o incluso pilares de elevación, donde resaltar aún más los alimentos, cestos de mimbre, diferentes vajillas, todo ello con el fin de dar colorido y sensación de frescura en las mesas.

*El servicio de bufé deberá garantizar la seguridad de los alimentos, dotando a las islas de sistemas de calor y frío.*

Siempre ha sido una fórmula muy utilizada, por ejemplo, para recepciones y comidas informales de la alta aristocracia europea. Sin embargo, en España es una solución relativamente joven. Comienza a extenderse entre los españoles gracias a la popularización de ciertos hoteles y restaurantes influenciados por la gastronomía europeísta más clásica. Así, en muchos de estos establecimientos se encuentran diferentes tipos de bufés especializados para cada comida; desayunos, almuerzos y cenas.

 Importante

El servicio de bufé debe garantizar la seguridad e inocuidad de los alimentos expuestos, presentando los productos o elaboraciones frías una temperatura inferior a los 4 °C y las calientes una temperatura superior a 70 °C.

### El cóctel

Se trata de un tipo de servicio en el que el cliente come de pie. Los alimentos se pasan en bandejas entre los clientes y son estos los que escogen el alimento que quieren degustar, no obstante la comida puede estar expuesta en mesas. Como norma general, se sirven aperitivos y canapés de forma que el comensal no tenga que usar cubiertos, o en tal caso una simple cucharilla o un pequeño tenedor.

De igual manera, la bebida también se pasa entre los clientes o invitados de manera que a la vez que cogen una bebida nueva, puedan soltar sobre la bandeja del camarero la que ya tienen vacía.

Esta fórmula es muy utilizada en recepciones de invitados a fiestas y ceremonias o para una inauguración de cualquier establecimiento sea del tipo que sea.

El cóctel es un servicio muy rápido y no requiere una gran preparación previa, ya que en la mayoría de los casos la comida ya viene elaborada del restaurante o *catering* encargado, y solo se precisan unas mesas para el montaje de las bandejas con los alimentos y las bebidas.

*El servicio de cóctel puede incluir elaboraciones frías y calientes, dulces o saladas, todo ello atendiendo a la finalidad de su servicio.*

### Drug-store

Es una fórmula de restauración en la que el cliente tiene la oportunidad de comprar comida que está expuesta en vitrinas y consumirla en el propio local. Estos alimentos pueden estar previamente elaborados, listos para calentar y servir o incluso, preparados al momento a la vista del cliente. Se trata en cualquier caso de un tipo de comida sencilla y fácil de concebir.

En estos establecimientos es habitual encontrar también otro tipo de productos, no alimenticios, tales como libros, música, películas etc., con la ventaja también de que son accesibles hasta altas horas de la madrugada o incluso toda la noche.

### Fast-food

Este sistema de restauración se basa en que el cliente tiene la posibilidad de conseguir la comida de una forma muy rápida, bien para comerla en el propio local o bien para llevársela. Incluso algunos de estos restaurantes ofertan el servicio a domicilio.

Entre otras, algunas de las características más destacables son:

- La comida que se sirve suele ser diversa aunque sistemática, de hecho la mayoría están especializados en un solo tipo de elaboraciones básicas como hamburguesas, pizzas, bocadillos, etc., de los cuales hacen su propio distintivo.
- Tanto los cubiertos para comer en el propio restaurante o los que ofrecen para llevar son desechables.
- La producción está totalmente optimizada para conseguir que el servicio sea lo más rentable posible. Se utiliza la llamada producción en cadena, donde todos los elementos del servicio están interconectados entre sí, desde el pedido hasta la recepción de la comida por parte del cliente, que puede, en cierta medida, ver desde el mostrador todo el proceso.
- El servicio es tan simple que se prescinde incluso de los camareros que sirven las mesas, siendo el propio cliente el que transporta la comida y el que después recoge su mesa, que aunque no es obligatorio, se ha convertido en un hecho de civismo. Se puede decir, que los costes en personal también están reducidos al máximo.
- Muchos de estos restaurantes de comida rápida son franquicias con miles de establecimientos repartidos por el mundo, lo que hace que sean aún más rentables, puesto que centralizan su producción en

centros logísticos donde se unifican las compras, se elaboran parte de los productos a gran escala y luego se reparten a los distintos puntos de venta.

■ Toda esta política de restauración hace que, sin tomar como referencia una mala calidad de los productos, los costes de producción sean muy bajos, por lo que el precio de venta al público sea también mínimo.

■ Es habitual que en este tipo de restaurantes la comida vaya agrupada en menús enumerados o con un llamativo nombre propio donde se ofrecen los complementos a la elaboración principal, tales como patatas fritas o ensalada, la bebida y el postre.

■ Los distintos menús ofrecidos, con los ingredientes que llevan y el precio, suelen aparecer en un gran cartel en el mostrador donde el cliente solo tiene que elegir el tamaño que más le satisfaga. Se consigue así la eliminación de cartas y la consecuente demora en la elección del producto.

*Ejemplo de menú de hamburguesa, patatas y bebida*

Este tipo de restaurantes, se han convertido en locales de una importancia muy relevante en cuanto a la organización de la vida laboral, ya que son lugares muy asequibles y rápidos para satisfacer las necesidades más básicas: como comer. De hecho son abalados por la muchedumbre, gracias a importantes campañas publicitarias, habiendo conseguido no menos detractores que consideran que estos restaurantes de comida rápida se sitúen por debajo del umbral de lo que se conoce como una alimentación sana.

## Recuerde

La política interna de cada empresa hostelera es la encargada de dictaminar cuál es el tipo de servicio que quiere ofrecer al cliente, pero las nuevas tendencias las obligan en cierta manera a optimizar los recursos humanos para responder a la demanda actual.

### *Take away*

Se trata de una fórmula de restauración muy requerida en la actualidad. Este tipo de establecimientos sirven una variedad más o menos amplia de comida para llevar. Los alimentos se encuentran expuestos en vitrinas, habiendo como norma general varios primeros platos, segundos, aperitivos o incluso postres. El menaje que utilizan suelen ser recipientes desechables de papel de aluminio, cartón plastificado o polietileno, aunque últimamente la tendencia en alza es servir los alimentos envasados al vacío.

El *take away* es un recurso fácil para solventar el problema de cocinar en casa que, por el motivo que sea, es una práctica en progresivo declive.

*El ritmo de vida actual, hace que esta modalidad sea una de las que presenta un mayor auge en los últimos años.*

### *Vending*

En este grupo, se encuentran alimentos como bocadillos, sándwiches, helados, frutos secos, *snacks*, etc., que se encuentran expuestos en máquinas expendedoras, donde el cliente solo tiene que introducir el dinero y elegir el producto que desea.

Hoy en día se puede encontrar casi cualquier producto que se precise en este tipo de puntos de venta, de hecho, últimamente se han empezado a comercializar incluso producto de 5.ª gama, que son platos ya elaborados, envasados al vacío listos para calentar o servir.

*El servicio 24 horas, el bajo coste de personal y las nuevas modalidades de conservación y regeneración hacen que esta modalidad de servicio esté cada vez más extendido. (© Fotografía: Tata Chen / Shutterstock.com)*

### *Restauración temática*

Es una fórmula de restauración en la que se incluye un elemento de animación o entretenimiento más allá del simple servicio de comidas y bebidas en el local. En este tipo de restaurantes el cliente puede sentarse a disfrutar de una cena mientras discurre un espectáculo del tipo que sea, danza, música en directo, etc.

Dentro de este grupo se pueden incluir aquellos locales en los que es la propia plantilla la que ameniza la estancia del cliente, se trata de los *show barmans* o cualquier otro tipo de personal capacitado para realizar alguna actividad fuera del simple hecho de servir comidas o copas.

Se considera también restauración activa aquellos locales que giran en torno a algún tipo de forma de vida, como por ejemplo restaurantes fundados en honor a un cantante, un tipo de música o una marca de coche.

 **Sabía que...**

Existe un restaurante en Madrid llamado el Café de la Ópera donde la plantilla se compone de auténticos cantantes líricos que amenizan con sus voces las cenas a la vez que sirven la comida.

### La restauración informal

Dentro de este grupo se encuentran restaurantes que son una mezcla entre los *Fast-foods* y los restaurantes temáticos. Son lugares extendidos mundialmente gracias a las franquicias. Se alterna comida más o menos elaborada con presentaciones cuidadas y una decoración muy característica que es la reseña de la propia marca.

Este tipo de establecimientos se han ido afianzando en la sociedad desde hace pocos años atrás. Sin embargo, se han convertido en auténticos centros de ocio, pues combinan a la perfección su monoproducto con una temática creada alrededor para su promoción. Recrean ambientes diferentes de la época, como un restaurante del viejo oeste, o de lugares lejanos y atractivos y aparentemente inaccesibles para la gente de a pie, como un plató de cine al más puro estilo de Hollywood.

Estos restaurantes temáticos se han convertido, al igual que los *fast-food*, en un pilar importantísimo de la gastronomía mundial. Gracias a las franquicias y a importantes campañas de publicidad, se sabe de antemano lo que se va a comer y cómo será el restaurante, se esté en New York o Tokio.

La comida en estos locales es prefabricada en centros de producción masiva y luego repartida para su terminación en las distintas réplicas que existen de la denominada franquicia. Los costes en servicio son por tanto muy controlados, por lo que el precio final de venta al público es bastante asequible.

 Recuerde

La franquicia es una fórmula de asociación comercial entre dos empresas legalmente independientes entre sí. Una de las dos partes, el franquiciado, distribuye los bienes o servicios desarrollados por la otra, el Franquiciador, siempre manteniendo una misma marca, imagen y sistema de trabajo. Además, el desarrollo de esta labor se realiza dentro de una zona en la cual tiene la exclusiva. A cambio, el franquiciado ofrecerá unas contraprestaciones económicas al franquiciador.

### El catering

Se trata de un tipo de restauración en el que la empresa en cuestión prepara la comida en su centro de elaboración y gestiona el servicio en otro lugar que el cliente elija. Así mismo, algunas empresas de *catering* pueden hacer uso de cocinas móviles por lo que la pueden trasladar al mismo lugar donde se va a realizar el servicio preparando la comida *in situ*. La elección del tipo de servicio determinado se hace conjunta entre el cliente y la propia empresa. Así, se puede optar por contratar un *catering* con servicio de emplatado en mesa, un bufé o cualquier otro de los que ya se ha estudiado.

Es un sistema muy demandado en la actualidad, últimamente está siendo requerido por comedores colectivos, a los que les resulta más rentable contratar este servicio que preparar la comida en el propio centro. O particulares que desean celebrar en cualquier reunión importante, en su propia casa o en otro lugar que elijan.

Sin embargo, fueron las compañías de transporte las pioneras en contratar este tipo de servicio para poder ofrecer comidas en los viajes.

### Restauración complementaria u hotelera

Se engloban dentro de estos grupos todos aquellos establecimientos, que, como su nombre indica, sirven de complemento a un servicio de hospedaje turístico, ya sea hotel, hostal, *camping* o complejo turístico del tipo que sea.

De esta manera se encuentran servicios como el bufé, servicio de carta o menú dentro del restaurante del hotel.

En este grupo se encuentran también otros servicios ofrecidos por los establecimientos hoteleros como son:

■ *Room-service* **o servicio de habitaciones.** Se trata de un servicio del hotel en el que el cliente puede pedir comida o bebida para ser consumida en la propia habitación. El cliente dispone en la mayoría de los casos de una carta en la habitación donde puede elegir los alimentos que desea. El pedido se hace telefónicamente o en recepción y el personal del hotel es el encargado de hacerlo llegar a la habitación en perfecto estado, como si se tratase de un servicio de mesa en el restaurante.

■ **Servicio de minibar.** En este caso es la propia habitación la que dispone de una serie de elementos como *snacks,* agua, bebidas alcohólicas u otros, casi siempre recogidos en una pequeña nevera. El cliente dispone de ellos, pero no está obligado a consumirlas, es decir, estos productos no se cargan en la cuenta del huésped hasta que el personal contabiliza los productos que faltan en el minibar.

*La cantidad y calidad de los productos ofrecidos en el minibar se corresponderá con las características del establecimiento. (© Fotografía: OlegDoroshin / Shutterstock.com)*

■ **Servicio de banquetes.** Se trata de una serie de menús especiales pre-concertados, dirigidos a grandes celebraciones como bodas u otros even-tos importantes, así como comidas de empresas o reuniones. Este ser-vicio se realiza dentro del propio hotel y para ello, se contrata personal extra, es decir, que no forman parte de la plantilla habitual del hotel.

### La restauración cautiva

Como su nombre indica, se trata de los servicios gastronómicos en los que el cliente está, en cierta manera, obligado a consumir. Existen varias fórmulas:

■ **La restauración colectiva.** En este subgrupo se encuentran todo tipo de comedores colectivos como los de hospitales, residencias, colegios, etc. El servicio suele ser sencillo, buscando siempre el mínimo coste posible. En muchas ocasiones se recurre a servicios anteriormente estudiados como el autoservicio, ya sea en línea o en islas.

■ **La restauración social comercial.** Se encuentra esta modalidad en servi-cios gastronómicos ofrecidos por compañías de transporte. Por ejemplo, el menú de un avión o de un tren, para ello, las empresas recurren al *catering*.

■ **La restauración integrada.** Se trata en este caso, de aquellos restauran-tes que han sido ubicados en lugares de servicio público no relacionados con la hostelería como terminales de transporte u hospitales.

*Las compañías de transporte fueron pioneras en la introducción de este servicio.*

## Aplicación práctica

**Suponiendo que usted pretende celebrar una fiesta en su propia casa. Los invitados son aproximadamente unas 20 personas y no quiere que sea una reunión muy formal, ¿qué tipo de servicio contrataría?**

### SOLUCIÓN

Ante esta situación lo primero que se hará será contactar con una empresa de *catering* que pueda prestar su servicio.

Se concretarán los siguientes aspectos:

I N.º de invitados.
I Hora y lugar de la celebración.
I Tipo de servicio que se quiere contratar.

En este caso se concretará qué tipo de servicio es el que más satisface. Teniendo en cuenta que son pocos invitados y que la celebración no es muy formal, el servicio que más conviene sería un bufé.

Lo único que queda por ultimar sería el tipo de bufé, que puede ser frío, caliente o mixto, y los alimentos y bebidas que se quieren.

Continúa en página siguiente >>

<< Viene de página anterior

De los demás temas como el personal, las mesas, o el menaje, se encarga la empresa de *catering*. No obstante, queda a elección del cliente si prefiere que se use su propio menaje e inmobiliario.

---

## 3. Aplicación de técnicas sencillas de servicio en mesa de desayunos, almuerzos y cenas

Para poder hablar de un buen servicio se tiene que hacer referencia no solo a la oferta gastronómica en sí, ya que para cada tipo de servicio se necesita tener presentes una serie de técnicas que ayuden a realizarlo de una forma correcta.

Para ello, se estudiarán las técnicas y aplicaciones de servicio en mesa que un camarero tiene que utilizar y cuándo debe ponerlas en práctica. Así, se diferenciará entre las tres comidas más importantes del día; desayuno, almuerzo y cena, y cómo sería el servicio adecuado para cada una de ellas.

Tan importante como realizar un buen servicio, es hacerlo respetando ciertas normas de seguridad e higiene. Por ello, se tendrán en cuenta siempre que se encuentre en su puesto de trabajo.

### 3.1. Generalidades del servicio en mesa

A la hora de realizar un correcto servicio en mesa, se tiene que saber que existen una serie de procedimientos y requisitos que se deben cumplir acorde a un protocolo existente o personal.

Para ello, lo primero que se hará en este punto, será explicar cuáles son los requerimientos generales que exige un buen servicio, y cómo pueden llevarlos a cabo.

A lo largo de este epígrafe se va a estudiar las generalidades que envuelven cualquier tipo de servicio, y más concretamente el servicio de desayuno, almuerzo y cena.

## La brigada de servicio

La brigada de sala es el equipo de trabajo que se encarga de atender a los clientes y de llevar a cabo el servicio del restaurante.

Este equipo se compone de:

1. **El *maître*.** Se encarga de confeccionar el horario de trabajo, estableciendo turnos y días libres del resto del personal. Ofrece al cliente los servicios de restaurante y asesora a los comensales en cualquier duda que pudieran tener a la hora de tomar nota de la comanda. Supervisa todo el servicio y se encarga de que se realice correctamente. Además se le exigirá el conocimiento de dos idiomas extranjeros.
2. **2.º *maître*.** Es un colaborador del *maître* y se le exigen los mismos conocimientos.
3. **Jefe de sector.** Asumirá el servicio del sector (de 5 a 9 mesas) que se le haya consignado. Trinchará personalmente las piezas servidas en su sector. Se le exige un idioma extranjero.
4. **Jefe de rango.** Sirve directamente al cliente. Debe poseer nociones de cocina para informar al cliente sobre la confección de distintos platos de menú y carta. No se encarga de la limpieza de la vajilla y cristalería, pero sí de su repaso antes de cada servicio.
5. ***Sommelier.*** Posee conocimientos amplios de todo lo que concierne a su especialidad, el servicio del vino. Aconseja al cliente de los vinos más adecuados para cada menú o plato siempre que el cliente lo solicite. Presenta la carta de vinos y los sirve correctamente.
6. **Ayudante.** Transporta los servicios solicitados por el cliente de la cocina, economato y bodega. Cuida que no falten cubiertos y menajes necesarios y los recogerá al terminar el servicio. Además ayuda al camarero a servir los platos.
7. **Aprendiz.** Se encarga de realizar los servicios encomendados por el resto de personal. Además colabora en las tareas de limpieza de vajilla y sala.

*Los integrantes del equipo de sala tendrá un cometido según su puesto, guardando todos ellos una importante labor conjunta consiguiendo obtener un servicio adecuado.*

## Protocolo de servicio

El protocolo es un conjunto de reglas a seguir, en cualquier ámbito, ya sea de forma oficial o por tradición o costumbre. También se define más técnicamente como: "regla de ceremonial diplomática o palatina".

Teniendo esto en cuenta, se puede decir que el protocolo en servicio es un conjunto de reglas que se han ido fraguando a lo largo del tiempo y que se tiene que seguir durante un servicio.

El ámbito protocolario se extiende desde la colocación de los cubiertos en las mesas hasta el orden de preferencia para servir a los comensales.

 Definición

**Ceremonial**
Es el conjunto de formalidades a tener en cuenta en un acto señalado, que vienen determinadas por el protocolo. Son formalidades para cualquier tipo de acto público o solemne.

### Generalidades a la hora de montar una mesa

Para conseguir un correcto servicio en la mesa se ha de tener en cuenta varias cuestiones, como por ejemplo:

■ El número de personas.
■ La distribución de los comensales.
■ El tamaño de la mesa para calcular el espacio que se va a precisar.
■ El menaje que se utiliza en el servicio.
■ El tipo de cliente (particular o grupos).
■ Las preferencias culinarias de los clientes.

*El tipo de servicio y la categoría del establecimiento serán dos de los factores más determinantes a la hora de montar una mesa.*

Lo primero que se tiene que tener en cuenta, es que la distribución del menaje en la mesa ha de ser muy ordenado, pues si se trata de una ocasión formal, se tendrá que colocar para cada invitado un gran número de enseres que va a utilizar.

Se empieza colocando un plato de bienvenida, que para cada caso, ya sea desayuno o almuerzo y cena, será distinto.

Los platos se colocan separados entre sí unos 45 centímetros y a unos 3 centímetros del borde de la mesa (para no medirlo, unos 2-3 dedos, más o menos). No obstante, se pueden encontrar otras formas de colocación de los platos como hacer coincidir el borde del plato con el de la mesa, o hacerlo guardando otra distancia diferente siempre que sea la misma para los platos de cada comensal.

 Importante

Los platos deben colocarse limpios y libres de ralladuras.

Los cubiertos se colocarán a ambos lados del plato, guardando una perfecta simetría. En función del menú se colocarán todos los cubiertos que se presumen; se va a utilizar, desde afuera hacia adentro por orden de utilización. Siempre los cuchillos y cucharas a la derecha y los tenedores a la izquierda.

Las copas se colocarán en la parte superior derecha, en oblicuo o triángulo desde la parte más exterior y hacia adentro. También en orden. En primer lugar la copa para el agua, después las copas de vino y por último, cava o *champagne* que es alargada y muy fina.

En la parte superior izquierda se colocará el plato para pan, que es más pequeño. En ocasiones viene acompañado de un cuchillo de untar.

Por último, la servilleta se colocará con la forma que se le haya querido dar, encima del plato de bienvenida o en una de las copas con alguna forma, por ejemplo simulando una flor o un abanico.

### Orden de preferencia

Para cualquier tipo de servicio en mesa, se tiene que tener claro que, si se quiere hacer de la manera correcta no se puede servir a libre albedrío.

Como norma general, teniendo en cuenta la disposición de las mesas y margen de maniobra de que se disponga, en la medida de lo posible, el orden a la hora de servir a los comensales se debe hacer en sentido contrario a las agujas del reloj.

Existen varias opciones en cuanto al orden de preferencia a la hora de empezar a servir, a las que se puede acoger en función de los siguientes factores:

■ Salvo otra indicación, siempre se tomará como punto de referencia a los anfitriones.
■ Oficialmente, siempre se servirá primero a los altos cargos que se encuentren en la celebración.
■ En un servicio en el que los comensales se sientan a su antojo, primero se sirve a las damas, tomando como referencia a la de mayor edad y seguidamente a los varones tomando también la misma referencia.
■ En la celebración, sea del tipo que sea, salvo que el anfitrión comunique lo contrario, se comenzará a servir por el invitado de más honor.
■ En una celebración o reunión presidida, como por ejemplo, una comida de empresa en la que la junta directiva se sienta junta, o en una boda, se empezará siempre por la presidencia.

 **Nota**

Si se presume que puede haber conflicto en la elección de la persona por la que se debe empezar a servir, se tomará como referencia a la persona que se encuentre más lejos de la puerta y se seguirá en sentido contrario a las agujas del reloj.

## Aplicación práctica

Suponiendo que usted es el camarero encargado de servir una mesa en la que se sientan una familia con 6 miembros: padre, madre, abuelas, hijo e hija, determine cuál sería el orden de servicio.

### SOLUCIÓN

Teniendo en cuenta que los comensales se han sentado a su libre albedrío. Se comenzará a servir por las abuelas, primero a la que se considere más mayor, como es difícil de dictaminar se hará tomando como referencia a la que esté más cerca de la puerta de la sala.

A continuación, se servirá a la madre y luego a la hija.

Seguidamente se servirá al padre y por último al hijo.

Se mantendrá este orden durante todo el servicio, ya sea para rellenar bebidas o para retirar los platos.

Si se presume que puede haber conflicto en la elección de la persona por la que se debe empezar a servir, se tomará como referencia a la persona que se encuentre más lejos de la puerta y se seguirá en sentido contrario a las agujas del reloj.

---

### A la hora de servir

Una vez que ha comenzado el servicio, se debe conocer otra serie de pautas a seguir.

Como ya se estudió en el epígrafe anterior, se conocen varios tipos de servicio en mesa, que son: a la francesa, a la rusa, en gueridón, etc. Hay que tener en cuenta, que para cada uno de ellos, el servicio se realiza según su naturaleza de una manera diferente.

Exceptuando el servicio a la inglesa y a la francesa, donde se presentan los alimentos por la izquierda, en el resto de servicios, los platos se presentarán por la derecha, y al terminar el comensal de comer también se levantará el plato por la derecha.

Lo mismo ocurre en caso de que se esté sirviendo bebidas. Se hará siempre de la misma forma, ya que las copas se colocan en la parte superior derecha. En este caso, sí hay que retirar alguna copa o vaso se hará también por la derecha.

*Para el servicio de vinos también se podrá retirar la copa, sirviéndolo fuera de mesa, siendo un procedimiento muy adecuado para realzar el servicio.*

## El menaje para el servicio

Para realizar un correcto servicio es importante saber cuál es el menaje que se utilizará, no solo a la hora de montar una mesa, sino que se tendrá en cuenta también una serie de instrumentos que son imprescindibles.

### La vajilla

La vajilla es un elemento imprescindible en la mesa, es donde el cliente va a conocer la comida que ha elegido y por tanto, es casi la carta de presentación de la cocina.

Aunque hoy en día existe una gran diversidad de materiales de fabricación como el barro, cerámica vidrio templado etc., las vajillas más habituales son de porcelana y de loza.

Igual ocurre con los diseños y los tamaños. Las modas y los fabricantes han dado lugar a una libertad total en cuanto a tamaños y diseños.

## Consejo

La mejor opción será escoger algún diseño clásico y sencillo, válido para cualquier ocasión, ya que nunca pasan de moda, y son más fáciles de combinar.

### Composición

Una vajilla debe contener, al menos en su formato más básico, platos hondos, platos llanos y platos de postre.

Las vajillas más completas pueden llegar a tener un número de piezas elevado, aunque muchas de ellas no se suelen utilizar nada más que en contadas ocasiones.

En este caso se incluyen también soperas grandes, plato de sopa o consomé, campanas etc.

### Plato llano

Las medidas de un plato llano son:

- **Llano 32 Ø cm/presentación.** Se utiliza generalmente como plato de bienvenida o como plato para compartir.
- **Llano 30 Ø cm/trinchero.** Será el plato donde se sirven los platos fuertes.
- **Llano 27 Ø cm.** Es utilizado para los entrantes como ensalada.
- **Llano de postre 22 Ø.** Se utiliza para postres que no lleven ningún tipo de sopa o caldo.

**Llano para pan 17 Ø.** Se usa para colocar el pan.

*Plato llano*

## Plato hondo

Las medidas para el plato hondo son las siguientes:

**Hondo 25 Ø/sopero.** Se utiliza para servir sopas, consomés o cualquier comida que lleve algún tipo de caldo.

**Hondo de 22 Ø.** Se utiliza para los postres que vienen acompañados de alguna sopa o caldo.

*Plato hondo*

## Taza de consomé y boles ovalados

Las tazas de consomé y los boles ovalados tienen las siguientes medidas:

**Taza de consomé 18 Ø cm.** Se utiliza para servir las sopas o consomés y en ocasiones para ciertos postres.

*Taza de consomé*

ı **Bol de desayuno 18 Ø cm.** Se utiliza para servir los cereales en el desayuno.

*Bol ovalado*

## Campanas

Suele haberlas de tantos tamaños como medidas de los platos.

El material de fabricación puede ser de acero inoxidable, loza o porcelana. Sin embargo, es un útil muy exclusivo y en muchos casos es de plata.

Se utiliza para cubrir el plato y evitar que se enfríe en el trayecto de la cocina hasta la mesa.

*Campana*

**Soperas**

Se utilizan para servir a los invitados las sopas o consomés, ya que no es correcto servir la sopa directamente desde la cocina.

Suele haber de varios tamaños pero lo más común es que midan entre 27 y 32 Ø cm.

*Sopera*

**Platos de presentación**

Algunos elementos que inicialmente no componen la vajilla son los bajoplatos o platos de presentación, cada vez más utilizados y muy elegantes.

Se colocan como elemento decorativo y como base de la vajilla tradicional.

*Plato de presentación*

**La cubertería**

La colocación de los cubiertos en la mesa dependerá del tipo de servicio que se esté ofreciendo, así como por los platos que se incluyan en el menú.

Como norma general, se disponen desde fuera hacia dentro, en concordancia con los platos que se van a servir y en orden desde el primero y hasta el último. Sin embargo, es habitual en servicios de carta donde se cambian los cubiertos para cada plato que se sirva.

El servicio más básico de cubiertos que se deben poner en la mesa se compone de:

1. Cuchara para consomé.
2. Cuchara para sopa, cremas.
3. Cuchara para postre.
4. Cucharita para té o café.
5. Cuchara o paletita para helado.
6. Tenedor para carne, postre y fruta.
7. Tenedor para pescado.
8. Tenedor para mariscos.
9. Cuchillo para carnes.
10. Cuchillo para postre y fruta.
11. Cuchillo (pala) para pescado.
12. Cuchillito para la mantequilla.

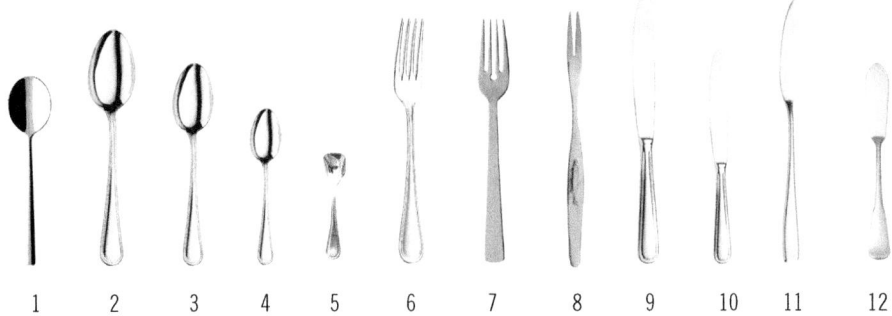

1    2    3    4    5    6    7    8    9    10    11    12

También se tiene que tener en cuenta otro tipo de cubiertos que se utilizarán durante un servicio, como es el siguiente:

1. Tenedor y cuchillo para trinchar.
2. Cuchara y tenedor para guarniciones.
3. Cuchara y tenedor para la ensalada.
4. Cucharón para la sopa.
5. Cucharón para salsas.
6. Cuchillo para partir el pastel y pala para servirlo.
7. Cuchillito o espátula para el paté.

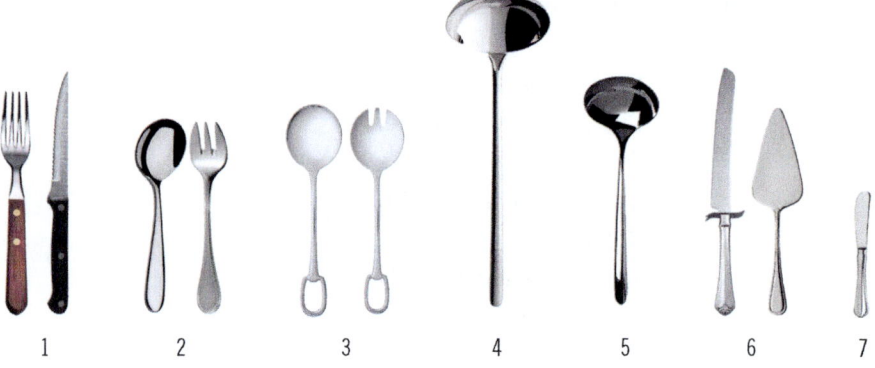

| 1 | 2 | 3 | 4 | 5 | 6 | 7 |

### La cristalería

Lo más habitual es encontrar en la mesa solo la copa del agua, vino tinto y cava y, en ocasiones, la de vino blanco también. Pero la cristalería se compone de:

1. Vaso de tubo.
2. Vaso de aguardiente o tequila.
3. Vaso de convinado.
4. Vaso de *whisky*.
5. Jarra de cerveza.
6. Copa de zumo.
7. Jarrita de calor.

8. Copa de café irlandes.
9. Copa de cerveza.
10. Agua.
11. Vino tinto.
12. Vino blanco.
13. Flauta para el cava o *champagne.*
14. *Brandy.*
15. Cóctel.
16. Licor.
17. Catavinos.

## Importante

La limpieza de las copas se hará siempre con un paño seco que no suelte hebras de hilo. Se utiliza un recipiente con agua caliente del que se aprovecha el vaho para empañar las copas y así limpiarlas más fácilmente.

### La lencería

La lencería es otro de los elementos imprescindibles en un restaurante. La elección del mantel y las servilletas va a determinar tanto el estilo como la elegancia del establecimiento. Es importante tener en cuenta, que elegir una mantelería arriesgada puede dar lugar a error. Se destacan los siguientes elementos:

- **El mantel.** Normalmente, la mantelería debe ser de un textil muy lavable y resistente, pues se le va a dar un uso muy frecuente y agresivo, ya que en contadas ocasiones se tendrá que eliminar manchas de grasa o vino.

*El mantel debe colgar tres cuartas partes por encima del suelo, nunca debe llegar hasta el suelo.*

En cuanto al color, lo más frecuente es el blanco, colores marfil, pasteles claros, etc. No obstante, para dar un toque de color en la mesa se suelen utilizar las servilletas de otros colores más llamativos o incluso caminos de mesa que últimamente se han puesto muy de moda.

*Ejemplo del toque de color que da al mantel.*

**La servilleta.** En cuanto al doblaje de las servilletas, se ha de decir que existen infinitas formas de hacerlo y que muchas de estas técnicas son sorprendentes y muy llamativas. En cambio, para las comidas formales, no es recomendable el uso de la servilleta como método de decoración, simplemente se colocará a la derecha del comensal en forma de triángulo o doblada de forma rectangular.

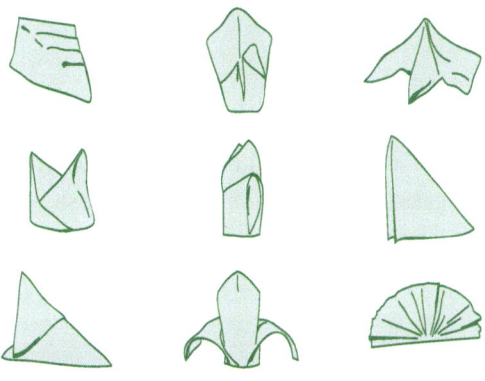

*Ejemplos de servilletas para vestir la mesa*

ı **El muletón.** La mesa no solo estará vestida con el mantel, siempre le acompaña el muletón, que es un mantel más grueso que se coloca debajo con el fin de evitar que el mantel se resvale durante la comida, proteger la mesa, reducir ruidos, etc.

A la hora del montaje se ha de tener en cuenta que el mantel cubra por completo al muletón.

ı **El cubremantel.** Encima del mantel es habitual encontrar un cubremantel que es más pequeño y manejable. Se usa en lugares donde el servicio es muy concurrido y se remontan mesas.

ı **La falda o enaguas.** Se utiliza solamente para vestir las mesas de un servicio bufé. Se trata de una falda que rodea la mesa donde se exponen los alimentos.

Normalmente, se fija al borde de la mesa mediante un velcro o grapas. Debe colgar hasta el suelo, y encima se le colocará un mantel o cubremantel.

ı **El centro de mesa.** Existen tantos centros de mesa como se puedan imagiar. Los más habituales son los centros con flores. Sin embargo, es normal encotrar centros hechos con frutas o verduras, velas decorativas o figuras de distintos tipos, tan originales como variadas.

### Otros útiles del servicio

Seguidamente, se van a ver los distintos útiles del servicio, como: el recogemigas, el lito, las pinzas y la muletilla.

### *El recogemigas*

Es un instrumento que como su nombre indica se utiliza para recoger las migas de pan que quedan en la mesa y que se deben limpiar antes de servir los postres.

*El lito se deberá mantener limpio, sustituyéndose tantas veces como sea necesario.*

### El lito

Es un paño alargado de algodón que utiliza el camarero para coger los platos calientes o durante el servicio del vino o el agua para evitar que caigan gotas a la mesa, y siempre irá colgado del antebrazo.

### Las pinzas

Se trata de una cuchara y un tenedor superpuestos que le sirven al camarero para coger alimentos de una forma limpia y clara a la hora de servir a la inglesa. También se utiliza por ejemplo para servir o retirar el pan o para cambiar una servilleta.

**Tenedor de servicio**     **Pala para servicio**

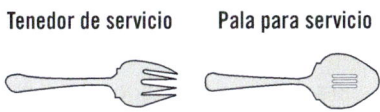

### La muletilla

Se trata de un plato con lito doblado sobre sí mismo y que se utiliza para transportas cubiertos o servilletas hasta la mesa.

## Los documentos del servicio

Estos documentos son los que ayudan a la interrelación entre los distintos departamentos de un establecimiento hotelero.

### La comanda

Se trata de un documento en el que el *maître* anota a pie de mesa lo que el cliente desea tomar, para después comunicarlo a la barra o el departamento que se encarga de servir las bebidas y a la cocina.

### El libro de reservas

Este libro, como su nombre indica, recoge las reservas, ya sea de mesa eventos o habitaciones que se conciertan entre los clientes y el establecimiento.

Para realizar una reserva, el encargado ha de anotarla. Este debe pedir una serie de datos que quedarán plasmados en el libro; estos datos son:

- Nombre y apellidos de la persona a la que se anotará la reserva.
- Nombre y apellidos de la persona que realiza la reserva.
- Fecha de la reserva.
- Hora de llegada.
- Número de teléfono de contacto.
- Número de comensales para los que se tiene que reservar la mesa.
- Si desean algún tipo de menú especial.
- Cualquier otra información que el cliente desee especificar para ofrecerle un servicio a su gusto.
- Por último fecha, hora y nombre del empleado que anotó la reserva.

### Orden de servicio

Se trata de un documento donde se anotan todas las acciones que se llevarán a cabo antes, durante y después de un servicio. El encargado de realizar esta labor es el *mâitre* del establecimiento.

## Recuerde

En el departamento de sala, la persona responsable es el *maître.* Este será el encargado de dirigir al personal de servicio y de coordinar todos los eventos que sucedan en el establecimiento. También es el encargado del trato directo con el cliente.

### *La carta*

Es un documento de infinitos formatos en el que el cliente puede ver los platos de que dispone un restaurante. Existen varios tipos de cartas como:

- **Carta principal.** Se divide en varias secciones dependiendo de la oferta gastronómica.
- **La carta de vinos.** Donde el cliente puede visualizar todas las referencias en vinos de las que dispone la bodega.
- **La carta de postres.** Es habitual encontrar una carta especial para los postres, aunque también se puede encontrar en la última sección de la carta principal.
- Exceptualmente, se puede encontrar carta de café o té.

*La carta deberá facilitar la elección del consumidor, presentando un formato adecuado así como una grafía clara y legible.*

## La indumentaria y la higiene del personal

Todo buen camarero, ya sea de sala o de pisos, tiene que ser partícipe de una vestimenta adecuada y como no, de una higiene personal muy cuidada.

La vestimenta de un camarero depende del establecimiento. No obstante, como norma general, el uniforme completo de un camarero consta de:

- Pantalón de algodón o falda.
- Camisa blanca
- Chaleco negro.
- Chaqueta
- Pajarita o corbata.
- Lito.
- Zapatos negros.

*Ejemplo de la vestimenta de un camarero*

También es habitual encontrar camareros ataviados con mandil, generalmente negro, ya sea largo hasta los pies (francés), hasta la rodilla o corto, o sin el chaleco que, como se ha dicho, depende de la política interna del restaurante.

En caso de que se trate de una camarera en el servicio de pisos, las camareras llevan falda o vestido negro recto hasta la rodilla. Este vestido irá acompañado de un mandil corto de color blanco.

 Nota

En ocasiones se puede encontrar camareras con cofia, aunque ya no es habitual.

En cuanto a la higiene del personal, se ha de señalar que indiscutiblemente depende de cada uno, pero es la empresa la que se encargará de señalar una serie de directrices que los empleados deberán cumplir. Se habla entonces de:

- Mantener la dentadura bien cuidada.
- Pelo corto y limpio.
- Cara afeitada.
- Uñas limpias y cortas.
- En la medida de lo posible se evitará usar pulseras o abalorios *(piercings)*.
- El uniforme debe estar limpio y adecuado, bien planchado, sin deterioro, bien abotonado. Si es de tela de textura delgada, es recomendable usar forro, los zapatos deben llevarse limpios, acondicionados para evitar resbalones o caídas y cerrados para mayor comodidad del pie.

Además en caso de las mujeres:

- El cabello debe estar arreglado, si es corto bien peinado, si es largo atado en su moño, y nunca debe peinarse delante de los clientes.
- Las uñas cortas, limpias y sin esmalte de colores.
- Se evitará usar maquillaje y en caso de hacerlo será poco llamativo y liviano.
- El uso de las medias le dará elegancia al uniforme.

En resumen, se intentará conservar una buena presencia en general.

## Las habilidades del camarero

El camarero es una persona clave para el establecimiento en hostelería; es el enlace entre la empresa y el huésped. Representa también la imagen de la misma, por eso es de vital importancia el conocimiento y manejo de las relaciones humanas, lo cual permite ofrecer una atención esmerada, proporcionando al huésped un servicio de calidad, reflejo de que posee una personalidad fresca, delicada, radiante y una verdadera vocación de servicio.

Dada la importancia de su trabajo desde el momento que inicia su labor debe adoptar una actitud positiva y dispuesta para acatar las diferentes órdenes en la realización de sus tareas.

Para ello, es necesario desarrollar y acrecentar un conjunto de cualidades que constituyen la personalidad.

### Cualidades del Camarero

Dentro de las cualidades que debe poseer el personal de servicio se destacan:

- Sentido de responsabilidad.
- Disciplina en el trabajo.
- Iniciativa.
- Discreción.
- Prudencia.
- Cortesía.
- Compañerismo.
- Buen uso del tiempo.
- Respeto a los niveles jerárquicos.

### Sentido de responsabilidad

Es la capacidad que tiene el individuo para cumplir y afrontar con rectitud la labor o misión que se le ha asignado.

### *Disciplina en el trabajo*

El empleado debe ser una persona altamente disciplinada y constante, tanto en su comportamiento como en la realización de su tarea, asumiendo una actitud favorable de cara al trabajo.

La disciplina debe estar incluida en el desarrollo de la labor que debe ejecutar, cuidado de materiales, productos, lencería, equipos y útiles de limpieza; con respeto a las normas disciplinarias contenidas en el "Reglamento interno de la Empresa".

 Ejemplo

Durante el servicio no se puede tomar bebidas alcohólicas, fumar o masticar.

### *Iniciativa*

Son muchas las oportunidades en el trabajo donde se puede demostrar espíritu de iniciativa.

El empleado con iniciativa, es el que trabaja sintiendo suya la empresa, buscando siempre tareas que realizar aunque no sean las suyas propias.

### *Discreción*

Uno de los valores humanos sin duda más cotizado en dicha actividad, es la discreción.

El personal de servicio, habitualmente se encuentra en la situación de conocer datos privados de los clientes así como conversaciones que pudiera escuchar o alguna que otra situación embarazosa. Por ello, debe guardar una absoluta discreción para no comprometer a los clientes y con ello salvaguardar la integridad del establecimiento.

*La iniciativa, disciplina en
el trabajo y responsabilidad
son algunos de los aspectos a
destacar de todo camarero.*

## Normas de seguridad e higiene durante un servicio

Para lograr una higiene adecuada durante el servicio un camarero nunca debe:

- Tocarse la nariz, la boca o los ojos y después coger un plato o toser o estornudar encima de un plato.
- Tocarse el pelo durante el servicio.
- Salir a la calle con su ropa de trabajo o tocar dinero o la basura y después no lavarse las manos.

Mantener una correcta higiene personal y de las instalaciones, usando siempre productos de limpieza autorizados. Todas estas acciones pueden contribuir a la insalubridad de los alimentos, por lo que debe tenerlas siempre muy presentes.

Además de estas medidas para mantener una correcta higiene en el trabajo, el personal de servicio debe conocer cuáles son los factores que pueden desencadenar un accidente de trabajo y cuáles son las medidas, tanto preventivas, que debe aplicar para evitarlo. Los factores de riesgo a tener en cuenta durante un servicio y sus medidas preventivas, aparecen en la siguiente tabla.

| Riesgos | Medidas Preventivas |
|---|---|
| Accidentes por caídas al mismo nivel (resbalones, tropezones, etc.). | Zonas de paso libres de obstáculos.<br>Limpieza de pasillos.<br>Advertencia de suelos resbaladizos, etc. |

Continúa en página siguiente >>

<< Viene de página anterior

| Riesgos | Medidas Preventivas |
|---|---|
| Accidentes por caídas a distinto nivel. | Uso de escaleras adecuadas (estado, fijación, etc.). |
| Golpes con estanterías, armarios y cajones. | Fijar armarios o estanterías para que sean más estables. Repartir el peso entre cajones. Poner topes fijos o móviles para evitar caída de artículos, etc. |
| Accidentes con puertas (acristaladas, de vaivén, giratorias, de dimensiones reducidas y de emergencia). | Señalización. Acolchado. Mantener libre de obstáculos, etc. |
| Trastornos músculo-esqueléticos por transporte de cargas. | Transporte de cargas con medios mecánicos. Adecuados movimientos de pies, brazos y espalda, etc. |
| Fatiga muscular y enfermedades cardiovasculares (varices). | Alternar posturas de pie y sentado. Adaptación ergonómica del puesto. Evitar giros, movimientos y torsiones bruscas, etc. |
| Problemas auditivos, estrés, falta de concentración, etc., por exposición al ruido. | Revestir paredes y techos con materiales que absorban el ruido. Aislar las fuentes de ruido. Sustituir señales acústicas por luminosas, etc. |
| Riesgos derivados de la iluminación y condiciones termohigrométricas. | Adecuado nivel de iluminación. Limpieza de lámparas y luminarias. Temperaturas a niveles confortables. Evitar corrientes de aire, etc. |

 Nota

Algunas de las actividades llevadas a cabo durante el servicio (flambeado, uso de *rechaud,* etc.) puede causar daños tanto al personal de sala como al cliente, debiendo prestar un especial interés al respecto.

## 3.2. El servicio en mesa de desayuno

Se dice que el desayuno es la comida más importante del día. Por ello, en restauración servir un buen desayuno se ha convertido en un ejercicio de superación por parte de muchos hosteleros.

Actualmente, los establecimientos que han optado por servir el desayuno en mesa consideran que este hecho, dista enormemente de lo que se conoce como desayunar un simple café con tostadas. Cada vez se pone más cuidado y atención en los detalles que envuelven esta comida.

Pero antes de saber cómo se ha de servir un desayuno tiene que diferenciar los distintos tipos que existen.

### Tipos de desayunos

Cada país a lo largo de la historia ha ido desarrollando unas costumbres que con el paso del tiempo se fueron afianzando entre sus gentes, lo que más tarde se conocería como cultura.

Sabe que cada cultura procesa su propia manera de ser y actuar en cuanto a gastronomía, pues igual sucede si se habla de desayunos. Cada una de ellas posee un tipo de desayuno que es prácticamente común para todas las personas que la procesan.

Sin embargo, con la apertura de las fronteras mundiales, las personas se han hecho partícipes de las demás culturas del mundo, acuñando costumbres foráneas como si fuesen propias.

Como se puede observar, en esta tabla se recogen los tipos de desayuno más usuales que se conocen y cuáles son los alimentos que lo componen.

| Tipo de desayuno | Elementos que lo componen |
|---|---|
| Continental | Café, té, leche o chocolate.<br>Tostadas y bollería.<br>Mantequilla y mermelada o miel.<br>Zumos de frutas. |
| Español | Café, té o leche.<br>Tostadas con aceite o tomate fresco rallado a veces con un poco de ajo. |
| Americano | Café, té o chocolate.<br>Huevos revueltos, fritos, pasados por agua, en tortilla, etc.<br>Cereales (maesil, copos de avena, higos secos, etc.).<br>Zumos de frutas.<br>Mermeladas variadas.<br>Pan y bollería.<br>Embutidos variados.<br>Frutas y yogurt. |
| Inglés | Café, té o chocolate.<br>Huevos revueltos, fritos, pasados por agua, en tortilla, etc.<br>Cereales (maesil, copos de avena, higos secos, etc.).<br>Zumos de frutas.<br>Mermeladas variadas.<br>Embutidos variados calientes o fríos.<br>Judías con tomate.<br>Vino (opcional). |

*El servicio de desayuno toma una gran importancia en la oferta hotelera, adaptándose a las costumbres y hábitos del comensal.*

## El servicio de desayuno en mesa

A continuación, se desarrolla el servicio de desayuno en mesa: el montaje de la mesa de desayuno y el servicio del desayuno.

### *El montaje de la mesa de desayuno*

Se debe saber que todos los tipos de servicio siguen un protocolo que dependerá de la formalidad del evento. En este caso se va a estudiar la forma más correcta de montar una mesa para un desayuno formal.

Para ello, se tiene que tener en cuenta, en primer lugar, si se trata de un desayuno para un cliente particular o si se trata de un grupo, y de si está hablando de una reunión social o de trabajo.

La forma de montaje de la mesa es el mismo para todos los desayunos formales. Sin embargo, a la hora de contratar el servicio, se dirá que para una reunión social el desayuno más requerido es el bufé, pues los comensales no tienen que estar sentados a la mesa necesariamente. En cambio, si se habla de una reunión de trabajo, seguramente, los invitados han de estar sentados atendiendo a la exposición del objetivo principal de dicha reunión, por lo que sería algo desconcertante que hubiese gente levantándose a servirse continuamente.

Para un desayuno con servicio en mesa, se montará la mesa de la siguiente manera:

■ Las tazas con sus respectivos platillos y cucharitas a la derecha, ordenados sobre un costado de la mesa. Y en la parte más izquierda, la servilleta.
■ El plato principal que será de postre o bufé, en el centro.
■ El cuchillo al lado del plato con el filo cortante hacia adentro, la cuchara al lado de este y el tenedor al otro lado del plato, guardando la misma distancia con respecto al plato y con respecto al lugar donde se sentará el cliente. Los cubiertos pueden variar en función de lo se vaya a servir, en tal caso se tendrá que adecuar el montaje para tal fin.

■ En la parte superior izquierda, los vasos para las bebidas, quedando el vaso para el agua en la parte más al centro y arriba, a la derecha y por debajo, quedará el vaso para zumo. Estos vasos se diferencian de los utilizados para el almuerzo o la cena en que tienen una base más ancha.

■ En la parte superior izquierda, se coloca el plato para pan, y sobre este transversalmente, el cuchillo para mantequilla.

■ Todo ello, teniendo en cuenta que quede suficiente espacio para colocar sobre la mesa, la bandeja con el servicio para el té.

■ Si la mesa es pequeña, el servicio de té se puede colocar en una mesa auxiliar, lo que dejará más espacio en la mesa para las fuentes y permitirá a los invitados circular con más facilidad al momento de servirse.

■ En ocasiones es aconsejable colocar sobre la mesa dos "servicios", uno para el té y otro para el café, lo más práctico sería colocarlos uno en cada punta de la mesa, para que facilite la circulación de los invitados.

El servicio de té consta de una bandeja en la que, sobre una carpetita o paño de hilo, se colocan la tetera, la cafetera, el azucarero, la lechera, el limón y un recipiente con edulcorante. Por lo general se aconseja también tener una jarra de agua caliente para aquellos invitados que quieran tomar el té más liviano.

**Ejemplo de servicio de desayuno simple**

a. Servilleta individual o mantel
b. Plato para almuerzo
c. Tazón para cereales
d. Plato para pan
e. Taza y plato con cuchara para té
f. Vaso para agua
g. Vaso para zumo
h. Tenedor
i. Cuchillo
j. Cuchara

### *El servicio de desayuno*

Como ya se sabe, todo servicio se debe realizar de acuerdo con un protocolo y un orden. Por supuesto siempre teniendo en cuenta que se debe realizar desde la más absoluta pulcritud y demostrando las habilidades explicadas anteriormente.

#### La recepción

Lo primero que se hará será recibir al cliente con la mayor tranquilidad posible, y se le acompañará educadamente hasta su mesa.

#### La comanda

Para tomar la comanda de un cliente en un desayuno primeramente se preguntará por las bebidas que van a tomar, sin embargo, a la hora de servirlas, salvo indicación del propio cliente, se sirven primero las bebidas frías y las calientes cuando ya se ha traído la comida. En este momento se le preguntará si desea té o café o ambos y si tomará zumo o agua.

A continuación, se tomará nota de la comida que el cliente desea, dándole la oportunidad de especificar ciertos matices a la hora del cocinado, como por ejemplo, si prefiere unos huevos revueltos, pasados o poco hechos.

Cuando la comanda está completa, se lleva a la cocina donde empieza a elaborarse la comida, del mismo modo se dejará otra copia en facturación y por último se comenzará a preparar las bebidas que el cliente ha pedido.

### *El servicio*

Se lleva a la mesa las bebidas frías, como el zumo o el agua.

Se continúa con la comida. Primero la fría y a continuación, los platos calientes. En este caso al tratarse de un desayuno, lo primero en ofrecer al cliente es la bollería y el pan ya sea tostado o no.

La mantequilla y la mermelada estarán ya sobre la mesa, al igual que un salero o pimentero y todos los complementos que requiera el desayuno como por ejemplo, aceite virgen para el pan.

Cuando comunican desde la cocina que la comida está preparada, comenzará a servirla en el orden de preferencia del cliente.

El servicio del café o del té, casi siempre es a elección del cliente, por lo que lo servirá cuando este indique.

Por último, una vez se haya servido la comida y la bebida, se debe estar pendiente de los clientes por si precisaran alguna otra cosa.

 **Recuerde**

Todo el servicio debe hacerse desde la más absoluta pulcritud, siguiendo siempre las reglas del protocolo, en calma y armonía con el resto de los compañeros.

## 3.3. El servicio en mesa de almuerzo

Es una de las comidas principales del día, que suele hacerse entre la 13:00 h y las 15:00 h. Es muy variable en función del país donde tenga lugar (en los países del norte de Europa se hace sobre la 13:00 h o 13:30 h). En España e Italia, por ejemplo se hace más tarde en torno a las 14:00 h o 14:30 h.

La duración de un almuerzo normal suele rondar los 45 minutos o una hora. Es la comida que ayuda a continuar con el día, por lo que suele ser la más fuerte y copiosa, en este país.

## Tipos de almuerzos

Se pueden encontrar varios tipos de almuerzo en función del contexto, el tiempo de que se disponga y las propias preferencias del comensal. Se abarcará siempre el servicio emplatado, ya que es el más utilizado en la actualidad.

### *El almuerzo diario*

Se trata de una comida en la que se debe tener en cuenta un factor determinante como es el tiempo.

## Sabía que...

En los países anglosajones se considera que el almuerzo debe ser una comida ligera, dando la mayor importancia a la primera comida del día.

Esta comida, normalmente se realiza en la casa, pero últimamente es muy habitual salir a los bares y restaurantes a comer por motivos principalmente de trabajo.

Para suplir esta demanda, existen muchos tipos de sistemas de restauración a los que se puede acudir a comer, (*Fast-food*, restaurantes tradicionales, cafeterías, etc.) sin necesidad de reserva.

También se incluye en este apartado, aquellos almuerzos que se realizan en centros colectivos donde sí que destaca el cuidado del aporte energético y calórico del menú.

Lo más recomendable, en detrimento de los restaurantes de comida rápida, sería buscar nuevos establecimientos donde el servicio sea lo más sano y tranquilo posible siempre que el tiempo lo permita, eligiendo menús equilibrados, con un primero, un segundo y un postre.

### El almuerzo familiar

Se trata, en este caso, de las comidas familiares o con amigos en las que se utiliza el almuerzo como excusa para reunirse.

El almuerzo familiar en un restaurante, se da normalmente los fines de semana; son mesas con numerosos comensales por lo que la reserva se hace imprescindible.

En muchas ocasiones con la reserva de la mesa en el restaurante, también se concierta el menú que se va a tomar, o se elige el menú a la carta del restaurante.

 Nota

El menú a la carta es aquel en que el cliente elige los platos que desea tomar y que están plasmados en un documento con infinitos formatos denominado carta.

El menú suele ser algo más copioso que en un almuerzo diario, ya que se tiene más tiempo para disfrutar de la comida y sobre todo de la sobremesa.

#### Almuerzo de trabajo

Este almuerzo se da sobre todo durante reuniones de trabajo, o como colofón de un buen trato entre dos empresas, por ejemplo.

El menú la mayoría de los casos es sofisticado y acorde con los comensales, que suelen ser altos cargos o directivos de empresa. Es un menú de larga duración que se extiende en muchas ocasiones a una larga sobremesa

*Para un correcto servicio de almuerzo de trabajo es importante conocer los rangos
o categorías de los asistentes, pudiendo desarrollar de forma correcta las medidas
protocolarias correspondientes.*

### Almuerzo de banquete

Se recurre a este tipo de servicio en ocasiones especiales con muchos invitados como bodas, reuniones familiares, comidas de empresa, etc.

El menú de banquete es predeterminado por los clientes. En algunos restaurantes se ofrece una muestra previa donde pueden elegir entre varias opciones para conseguir un menú completo y excepcional.

Como norma general suelen ser menús muy largos con gran cantidad de platos que abarcan desde los aperitivos hasta el dulce que se sirve con el café.

Este tipo de almuerzo suele durar varias horas, dependiendo del tipo de celebración y en la mayoría de los casos se incluyen las bebidas espirituosas de después o incluso barra libre.

## Recuerde

Existen diferentes maneras de servir para un mismo servicio: a la inglesa, a la francesa, a la rusa, en gueridón, etc.

**El montaje de la mesa de almuerzo**

Como ya se sabe, para montar una mesa, lo primero que se tiene que tener en cuenta es una serie de factores como son el tipo de servicio, el número de comensales o el espacio del que se dispone para hacerlo correctamente.

En el caso del servicio en mesa de un almuerzo simple, como el diario, se hará de la siguiente manera:

- En el centro, un plato de bienvenida.
- A la derecha la cuchara y el cuchillo con el filo hacia el plato.
- A la izquierda, un tenedor o dos, dependiendo de los platos del menú.
- En la parte superior izquierda el plato de pan, si lo hay, ya que en muchas ocasiones el pan se pone en una cesta para compartir.
- En la parte superior derecha, las copas, generalmente solo agua o vino.
- A la derecha de los tenedores la servilleta, aunque esto puede variar.

**Ejemplo del montaje de la mesa de almuerzo simple**

Este tipo de montaje es el que, como norma general, se utiliza también para un montaje de servicio a la carta, a excepción de los cubierto, ya que el personal no conoce los platos y bebidas que se van a pedir y por tanto, tampoco los cubiertos y copas que los comensales van a precisar.

Para un **almuerzo formal:**

- Delante, el plato de bienvenida.
- A la derecha, la cuchara y los cuchillos (dos o tres) por orden acorde con la sucesión de los platos del menú.
- A la izquierda, tantos tenedores como requiera el menú.
- Encima del plato, los cubiertos para el postre.
- En la parte superior izquierda, el plato para el pan con su cuchillo para untar.
- En la parte superior derecha las copas, generalmente cuatro: agua, vinos y cava.
- La servilleta encima del plato de bienvenida o a la izquierda de los tenedores.
- Es habitual encontrar centros de mesa con flores o frutas.

**Ejemplo del montaje de la mesa de almuerzo formal**

Este es el montaje que se utiliza en menús concertados formales, ya que se conoce los platos y bebidas que se irán sirviendo y por tanto, los cubiertos y copas que los comensales van a precisar.

No obstante, dependiendo del menú concertado, se hará uso de un menaje acorde con los platos y bebidas contratados en el menú.

**El servicio del almuerzo**

A la hora de servir un almuerzo, lo primero que se tiene que tener en cuenta es que siempre se hará en consonancia con las normas de protocolo establecidas, si las hubiera, y con los gustos y preferencias del cliente.

Se hará siempre desde una tranquilidad relativa como se explicó con anterioridad, y respetando las normas de higiene y seguridad.

### La recepción

En primer lugar el invitado o cliente se reciben justo a su llegada al establecimiento, es en este momento cuando se pregunta por su reserva, si existe, y se recoge su abrigo en caso de que se disponga de guardarropa.

Seguidamente se le acompaña a su mesa y se le pregunta si desea tomar alguna bebida como aperitivo.

Una vez esté acomodado en la mesa, se le sirve el aperitivo. Y se le entrega la carta en caso de que sea necesario.

### La comanda

Si se trata de una servicio en el que el menú no está concertado, se debe anotar en la comanda todos los platos que el cliente desea tomar. De ello se encargará el *maître* del lugar.

En primer lugar, los entrantes, que en muchas ocasiones son a compartir por los comensales, continúan el primero, después el plato fuerte, si se trata de una carne se preguntará al cliente el punto que prefiere para ella.

Se tomará nota también de la bebida, sea agua o refrescos, si decide tomar vino se le entregará la carta de vino para que elija el que desee y en tal caso, el *maître* o *sumiller* del establecimiento le asesorará en su decisión.

El postre se suele decidir más tarde cuando el comensal ha terminado su segundo plato, no obstante en algunos establecimientos se toma nota del postre junto con todo lo demás.

En este momento se retira el plato de bienvenida, si no se van a servir entrantes a compartir.

Una vez se ha tomado nota de la comida y la bebida, el *maître* lleva la comanda a la cocina y sus respectivas copias a facturación y la última se la queda para que el servicio siga un curso correcto.

La comanda será tomada por el maître, teniendo una especial importancia, evitando cualquier tipo de error.

### El servicio

Para conseguir un servicio correcto, el personal de servicio debe seguir una secuencia de acciones:

1. En primer lugar, se sirven las bebidas que los comensales van a tomar con los aperitivos y entrantes.
2. Cuando la comanda ha sido "cantada" en cocina, de inmediato empezarán a salir los aperitivos, seguidos de los entrantes, primero los fríos y luego los calientes. Este es el momento de servir el pan.
3. Es importante saber que los platos no pueden acumularse en la mesa, por lo que siempre se esperará a que se haya terminado el

que hay en la mesa para retirarlo, cambiar algún cubierto si fuera necesario y continuar con los siguientes platos.

4. Por supuesto, se estará pendiente de que no falte la bebida durante todo el servicio.

5. En caso de que algún plato permanezca en la mesa sin estar totalmente acabado, habrá que considerar la posibilidad de que el cliente no esté del todo satisfecho con su comida, por lo que se debe preguntar, con la mayor discreción posible, si existe algún problema, y se le ofrecerá otra cosa en lugar de lo que no está comiendo con gusto.

6. Una vez que los entrantes se han retirado de la mesa junto con los cubiertos que hayan sido utilizados, se sirve el primero. Es habitual que sea una sopa, crema u algún otro que precise de plato hondo, por lo que se colocará un bajo plato. Para el servicio de una crema o sopa, es habitual hacerlo mediante una sopera, para lo cual, se colocará el plato hondo con su bajo plato vacío (o con alguna guarnición) ante el cliente, y seguidamente se servirá la sopa utilizando el cucharón, directamente en el plato sopero.

7. En este momento, se preguntará al comensal si desea tomar el vino, si es que ha pedido una botella.

8. A continuación, el procedimiento es el mismo, se retira el plato vacío con los cubiertos utilizados y "marca" la mesa, con los cubiertos que sean precisos. El camarero debe saber de antemano si el plato fuerte será una carne o un pescado, lo que hace necesario en muchas ocasiones que se cambien los cubiertos por unos afines.

*Un desbarazado correcto debe transmitir elegancia, discreción y destreza.*

9. Cuando se ha terminado con el segundo plato, se retira junto con los cubiertos y se entrega la carta de los postres. Mientras decide qué postre va a tomar, y el *maître* toma nota, el camarero retira el pan utilizando las pinzas y pasa el recogemigas.

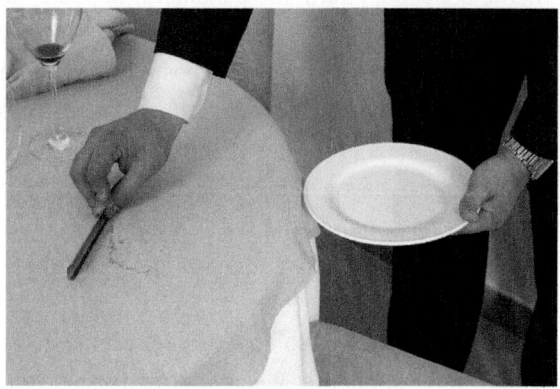

*El servicio de postre partirá de una mesa limpia, siendo el camarero el encargado de limpiar los posibles restos de pan, así como retirar el menaje que ya no se utilice.*

10. El vino no se retira de la mesa hasta que el comensal da la orden, puesto que en muchas ocasiones es probable que para terminarlo, si es que queda algo, pedirá una tabla de quesos.
11. Entonces se sirve el postre y se toma nota de los cafés o infusiones. En ocasiones el cliente pedirá el café junto con el postre, pero si no es así, es lo último que se sirve.
12. Para finalizar se ofrece algún licor o combinado, y si el restaurante dispone de ello, la cava de puros.

 Aplicación práctica

Imagine que usted es el camarero de un restaurante. Es el encargado de servir los platos a la mesa, pero se acerca la hora del servicio y el *maître* del local no ha llegado. Dispone de 30 minutos antes de que se abra el salón, y el gerente del establecimiento

Continúa en página siguiente >>

&lt;&lt; Viene de página anterior

le comunica que en caso de que el *maître* no llegue a tiempo, usted será el encargado de llevar a cabo el servicio. Explique cómo lo haría, teniendo en cuenta que el *maître* se incorpora minutos antes de que comience el servicio.

### SOLUCIÓN

En primer lugar, manteniendo la calma, realizo una orden de servicio, donde especifico cuál será el trabajo de cada uno de mis compañeros y evalúo cómo tendrá que hacerlo teniendo en cuenta que falta una persona en la plantilla.

Lo más rápido y efectivo, será proponer al sumiller que sea el que sirva también, además del vino, el resto de las bebidas.

Entonces se acerca a la cocina, donde comunica lo ocurrido al Jefe de cocina. Como es un camarero responsable, conoce a la perfección todos los platos de la carta, pero no deja de preguntar al jefe de cocina, cuántas raciones de cada plato hay en existencias, si hay algún cambio en algún plato para poder comunicarlo al cliente o si existen sugerencias del día que sea preciso vender.

Una vez que tengo claro que no falta ningún detalle en el comedor me dispongo a esperar a los clientes.

En este caso el *maître* ha llegado a última hora, por lo que solamente se ha de comunicar los posibles cambios que haya en la carta, sugerencias y número de raciones. El sumiller quedará en su puesto original al igual que el resto de la plantilla. Todo volverá a su formato habitual.

---

## 3.4. El servicio en mesa de cena

Aunque en la mayoría de los países, no es una comida importante, en España es tan importante como el almuerzo.

El horario va desde las 19:00 h, aproximadamente de los países anglosajones y norte de Europa, hasta las, 21:00 h o 22:00 h, en España.

La duración puede ser algo mayor que para la comida (entre una y dos horas). Al igual que en el almuerzo, el menú debe ser equilibrado y menos copioso que en la comida.

## Tipos de cena

Al igual que en los almuerzos, la cena se distingue por su formalidad, haciendo, prácticamente, las mismas agrupaciones.

### Cena familiar

Suelen ser reuniones familiares que, salvo contadas ocasiones, no son demasiado formales. No son tan frecuentes las reuniones familiares para la cena, tanto como para el almuerzo.

Es destacable en este grupo la **cena en pareja,** pues es más habitual. En este caso, se trata de una cena bastante más formal y sofisticada. El cliente va a salir a disfrutar de una cena con su pareja lejos del alboroto de la casa y la calle, por lo que busca un ambiente tranquilo y relajado.

 Aplicación práctica

Imagine que usted es el *maître* de un conocido restaurante. A media tarde el encargado de contestar al teléfono ha recibido una llamada en la que un importante futbolista reserva una mesa para dos y especifica que la cena tiene que ser muy tranquila y romántica. ¿Cómo prepararía este servicio teniendo en cuenta que el restaurante no dispone de un salón reservado?

**SOLUCIÓN**

En primer lugar, comunico al resto de la plantilla que hay una reserva VIP y que por tanto, hay que andar con mucho ojo a la hora de cometer fallos inoportunos.

Por otro lado, se da la orden de que se prepare la mesa en el lugar más apartado del local, indicando que cuando llegue el cliente se ha de situar de espaldas al resto del restaurante, para evitar situaciones importunas.

Además, si se cree oportuno se dará la orden de que se ponga una música más romántica de lo habitual y al mismo tiempo se intentará que la luz que incide sobre la mesa sea lo más tenue posible. Se decorará la mesa con algunas flores y con una vela, para crear ambiente.

Continúa en página siguiente >>

<< Viene de página anterior

Me acerco hasta la cocina para hablar con el chef sobre este tema. En efecto, se ha de concretar algún menú especial para ofrecer al cliente, ya que aunque no lo ha exigido, es posible que le interese más estar pendiente de su pareja que de ojear la carta.

Por último, se comprueba que no queda ningún detalle por ultimar y se espera con celo el gran acontecimiento.

---

### Cena de banquete

No es tan habitual encontrar banquetes de noche como durante un almuerzo. Sin embargo, durante los últimos años se ha experimentado un crecimiento en este tipo de celebraciones, sobre todo bodas, donde los consumidores buscan un evento aún más especial. En este caso, el menú es más breve aunque igualmente se compone de gran variedad de platos y bebidas.

Se ha de destacar la solicitada cena de empresa anual. Se recurre a ella casi cada año cuando los miembros de una misma empresa se reúnen para celebrar, generalmente, la navidad.

Esta cena suele estar preconcertada con un menú cerrado, donde se incluyen las bebidas y algo de barra libre.

### El montaje de la mesa de cena

Al igual que en el montaje de una mesa de almuerzo, se hará la distinción de si se trata de una cena formal o simple. El montaje es prácticamente igual pero con un par de salvedades: en la cena se suelen utilizar velas y en ocasiones algunas flores en un jarrón discreto.

Hay que tener en cuenta que como se ha dicho, las cenas suelen ser más formales que los almuerzo, por lo que estará más pendiente de estos pequeños detalles.

## El servicio de la cena

Al igual que el montaje, el servicio es también prácticamente igual que el de almuerzo.

La recepción, la toma de la comanda y el servicio se desarrolla exactamente igual que durante un almuerzo, sin excepciones.

Lo único que se tendrá en cuenta a la hora de servir una cena es que se hará de una manera algo más sosegada que durante un almuerzo, pues en esta ocasión el cliente no suele tener tanta prisa, ya que después de cenar generalmente, no tiene que volver al trabajo.

## El servicio del vino

Los vinos más apreciados para el aperitivo son el Jerez o cavas secos. Como alternativa, los vinos blancos secos o tintos ligeros pueden ser una buena solución.

A lo largo de una comida es conveniente ir de menor a mayor: los vinos rosados simples y ligeros antes que los más complejos y potentes; los jóvenes antes que los de crianza o reserva.

Las reglas básicas del servicio del vino son las siguientes:

- El vino blanco seco precede a los demás vinos.
- El vino tinto precede al vino dulce o licoroso.
- Si se sirven varios vinos blancos secos o varios tintos:

  - El más ligero ha de preceder al más generoso.
  - El más joven al de mayor edad.

Con los postres, es el momento de servir vinos dulces o generosos como moscateles, olorosos, dulces, nunca con cava brut o seco.

Para servir el vino hay que tener presente lo siguiente:

1. Presentar la botella antes de abrirla a quienes van a degustar su contenido. En caso de haber sido enfriada como los vinos blancos, sacarla con una servilleta.

*Recuerda, habrá que presentar la botella al comensal antes de su apertura.*

2. Cortar la cápsula por debajo del gollete para evitar su contacto con el vino.
3. Observar la cabeza (parte superior) del corcho y comprobar su correcto estado.
4. Clavar la punta del sacacorchos en el centro del tapón e introducir la espiral sin cruzarlo en su totalidad. Extraer el corcho de forma progresiva. Realizar toda la operación sin mover la botella.

*Sacacorchos*

5. Retirar el tapón del sacacorchos y oler la cara inferior para comprobar su correcto estado.

6. Limpiar cuidadosamente el gollete de la botella con la servilleta.

7. Servir una pequeña cantidad en la copa del anfitrión para que emita su juicio y dé permiso para servir.

8. En el caso de los vinos de guarda se procede a decantar el líquido en una botella de gran balón (decantador). La acción permite eliminar algunos restos sólidos o posos, que el líquido pudiera tener y evitar la reducción que le ha otorgado la larga estancia de su envasado (abrir el vino).

9. Si el vino es correcto, llenar las copas hasta un máximo de dos terceras partes de su capacidad, en caso de que sea tinto. Si es blanco llenarlas un poco menos para evitar que se caliente.

*Ejemplo de cómo servir el vino*

## 4. El servicio de alimentos y bebidas en las habitaciones

La mayoría de los hoteles disponen de una serie de servicios dentro del establecimiento mediante los que el huésped puede disfrutar de la oferta gastronómica que vende el propio hotel. La oferta a la que se hace referencia, puede ser servicio de restaurante, cafetería, bufé de desayuno, etc.

Pero existe otro, que es distintivo de calidad para los hoteles y muy requerido por los clientes que acuden a disfrutar de ser servidos. Se habla en este caso del servicio de comida y bebida en las habitaciones.

Para hacer esta distinción se debe basar en las particularidades de cada hotel, haciendo referencia a su categoría, ya que cada categoría requiere un servicio acorde con esta.

Así, los hoteles de 5 estrellas deben disponer de servicio de habitaciones durante las 24 h del día y será un servicio muy cuidado y distinguido. De esta manera, conforme los hoteles descienden de categoría, el servicio de habitaciones va mermando en prestaciones.

Los hoteles de 4 estrellas están obligados a ofrecer este servicio durante las 24 horas, aunque el menú es más restringido, pudiendo servirse platos de elaboración sencilla.

De igual manera, los hoteles 3 estrellas siguen disponiendo de servicio de habitaciones, pero no están obligados a ofertarlos las 24 h. Además, el menú es bastante más sencillo que en los casos anteriores.

Los hoteles 2 estrellas solo suelen incluir el servicio de desayuno y en la mayoría de los caso ni siquiera se sirve en la habitación.

Por último, los hoteles de 1 estrella no están obligados a ofrecer ningún servicio de comidas y bebidas en las habitaciones.

*Es importante destacar que el servicio de habitaciones se debe distinguir por su cuidado, no habiendo cabida para posibles errores.*

## 4.1. La brigada del servicio de habitaciones

La brigada del servicio de habitaciones debe ser conocedora de las técnicas que deben aplicar con cada cliente para lograr una plena satisfacción.

La brigada de servicio de habitaciones se compone de: responsable o *maître,* jefe de departamento o mayordomo, camarero y ayudante de camarero.

Cada uno de ellos tiene unas funciones como:

1. **Responsable o *maître,*** hace lo siguiente:

   ▪ Coordina y supervisa como realizar el trabajo.
   ▪ Planifica horarios y descansos del resto de la brigada.
   ▪ Coordina con el chef los menús.

2. **Jefe del departamento o mayordomo,** se encarga de:

   ▪ Tomar pedidos atendiendo el teléfono.
   ▪ Supervisar el pedido antes de llevarlo a la habitación.
   ▪ Estar familiarizados con los menús, platos especiales, sugerencias, listas de bebidas actualizadas periódicamente para su consulta y asesoramiento al cliente en caso de que tuviese alguna duda con respecto a la comida y la bebida, además el jefe es el que acudiría a la propia habitación para solventar cualquier problema que pudiera surgir.

3. **Camareros,** que se encargan de:

   ▪ Hacer la tarea diaria según su turno.
   ▪ Recibir del mayordomo los pedidos, y servirlos.

4. **Ayudante de camarero,** que se encarga de:

   ▪ Hacer la tarea diaria.
   ▪ Ayudar al camarero en el servicio de las mesas.
   ▪ Retirar de las habitaciones, pasillos de los pisos, los servicios usados y lo trasladan al fregadero.

La tarea diaria de un **ayudante de camarero** se compone de:

1. Preparación y limpieza de saleros, pimenteros, azucareras, pomos de salsas, etc.
2. Control y aprovisionamiento de manteles, servilletas y paños.
3. Surtir los aparadores con todo lo necesario para el montaje de mesas y bandejas (copas, platos, cubiertos, etc.).
4. Montaje de mesas.
5. Limpieza y preparación de termos y mecheros.

## 4.2. Generalidades del servicio de habitaciones

En este caso se estudiará el servicio de habitaciones más completo que se puede encontrar en el sector hotelero.

Se trata de un servicio de comidas y bebidas propio solo de los hoteles y que ofrece al cliente la posibilidad de tomar, el desayuno, el almuerzo o la cena y todo tipo de bebidas o refrescos, en la misma habitación.

*La discreción, rapidez y calidad de los productos serán determinantes en todo servicio en habitaciones, persiguiendo su máxima satisfacción.*

Es un servicio complejo, porque se extiende normalmente durante las 24 horas del día y, por otra parte debe tener la organización precisa para servir en un momento determinado cualquier tipo de comida que precise el cliente y sea acorde con los tiempos establecidos por el departamento de servicio de habitaciones.

Debe ser un servicio rápido en cuanto a su recepción, preparación y servicio, pues el cliente no tiene en cuenta todos los factores que pueden hacer que el servicio se retrase, por ello, la puntualidad debe ser muy exacta.

En algunos existe en cada planta o solo en una siendo general para el resto del hotel, un departamento que dispone de todo lo necesario para que un camarero pueda realizar una servicio básico, como preparar un café, servir unos refrescos y algún que otro bocadillo.

También es habitual que el servicio de habitaciones dependa directamente del bar-cafetería y sean los empleados de esta sección los que atiendan este servicio.

### Horario

El servicio de habitaciones dispone de ciertos horarios para cubrir las necesidades de los huéspedes.

El servicio de desayuno se suele servir desde las 7:00 h hasta las 11:00 h; el almuerzo desde la 13:00 h hasta las 15:00 h y la cena desde las 20:00 h hasta la 1:00 h de la madrugada. Como es lógico, el horario puede variar dependiendo de la política interna de cada hotel.

 Sabía que...

El servicio de habitaciones también se encarga de despertar a los huéspedes cuando estos lo soliciten.

**La carta**

Normalmente, el hotel dispone de una carta, que se encuentra en la habitación, en la que aparecen varias subcategorías que puedan satisfacer las necesidades del cliente en cada momento.

Como norma general, la carta será muy parecida o igual a la ofrecida en el restaurante del hotel. No obstante, es posible que esté restringida en cuanto a algunos platos que no se pueden servir en otro horario que no sea el propio de la cocina del restaurante y que se indican mediante una pequeña reseña al lado del plato.

De esta manera, un ejemplo de una carta normal de servicio de habitaciones debería constar de:

**Entradas**
Ensaladas
Aperitivos fríos
Aperitivos calientes
Sopas o consomés

**Arroces y pastas**

**Carnes y pescados**
Diferentes carnes guisadas o estofadas
Carnes a la plancha con sus guarniciones
Pescados cocinados de diferentes formas con sus guarniciones

**Bocadillos y sándwiches**
Bocadillos fríos y calientes
Sándwiches y hamburguesas con patatas fritas

**Delicatesen**
Diferentes productos de lujo
Jamón ibérico

**Quesos**

**Postres**

**Carta de vinos**

Por lo general, el servicio se presenta en un carro que el camarero de pisos lleva hasta la habitación, donde lo deja y es el propio cliente el que se sirve.

Sin embargo, existen hoteles muy prestigiosos en los que el cliente puede elegir que sea el propio camarero el que sirva la comida y la bebida en la habitación que dispondrá de una mesa para tal fin. Y la comida se trasportará en un carro auxiliar.

## 4.3. Recepción del pedido

La persona encargada de recepcionar el pedido es el jefe del departamento de servicio de habitaciones.

Después de haber leído la carta, el cliente se pone en contacto con el servicio de habitaciones donde se le toma nota de lo que desea o en tal caso, se le resuelve cualquier duda que pueda tener con respecto al menú.

Una vez la comanda está anotada, se pasa una copia a la cocina desde donde se comienza a preparar la comida. Otra copia se envía a facturación y la otra se la queda el propio jefe del departamento para organizar la orden del servicio.

Existen varias formas de realizar el pedido como:

- Mediante el teléfono de la habitación.
- Dejando una nota en consejería.
- Algunos establecimientos disponen de unos impresos que se cuelgan en la puerta de la habitación y mediante los cuales el cliente deja expreso lo que desea desayunar.

 Nota

La manera más común de realizar el pedido es mediante teléfono.

## 4.4. El montaje del carro de servicio

La mesa del servicio de habitaciones de lujo es exactamente igual que la del restaurante, con la peculiaridad de que lleva incorporada unas ruedas para su transporte.

El montaje de esta mesa se realiza de la misma forma que una mesa formal para desayuno, almuerzo o cena. Con la salvedad de que los platos vienen incorporados en la propia mesa. Los platos calientes vendrán en el calentador y los fríos sobre la mesa, para lo que se utilizarán campanas para evitar que entre cualquier agente extraño a la comida durante el trayecto de la cocina hasta la habitación.

Para el desayuno hace falta:

1. Mantel.
2. Plato de postre.
3. Cuchillo y tenedor de asado y cuchara de postre.
4. Copa o vaso.
5. Plato para mantequilla.
6. Salero y pimentero.
7. Azucarera.
8. Taza para café con leche.
9. Florero.
10. Periódico del día.
11. Servilleta.

Para el almuerzo o comida hace falta:

1. Mantel.
2. Cubiertos trincheros.
3. Copa o vaso.
4. Plato de mantequilla.
5. Salero y pimentero.
6. Azucarera.
7. Servilleta.

Las bandejas se utiliza para:

1. Retirar el servicio usado para llevarlo a limpiar.
2. Servicios sencillos como:

  ▪ Cócteles de bar.
  ▪ Botellas de bebidas.
  ▪ Bol con hielo.
  ▪ Café.
  ▪ Bocaditos y refrescos.

La bandeja nunca debe ir desnuda, es decir, se le coloca un paño cubriéndola y encima los alimentos o bebidas.

## El calentador

Las mesas para el servicio de las habitaciones, están provistas en la base de su estructura de un accesorio que permite insertar firmemente el calentador, cuyo uso es imprescindible que esté destinado a calentar los alimentos.

## Los termos

Este utensilio tiene muchas aplicaciones prácticas en el servicio de líquidos fríos o calientes. Se utiliza para:

  ▪ Llevar el café.
  ▪ Bebidas calientes.

Para leche se utilizará siempre una jarra destinada solo a este fin.

Las demás infusiones como por ejemplo el té, se llevan en teteras y el agua caliente en cafeteras.

El agua helada para las comidas, para cuando la solicite el usuario, la se llevará en jarras. Se tendrá especial cuidado en la limpieza de su tapa, que tiende a coger mal olor.

*Jarras termos*

## 4.5. Servicio en las habitaciones

Una vez que el mayordomo tiene constancia de lo que desea tomar el cliente, rellena el libro de control de mesas.

En este documento, el *maître* o encargado del servicio de habitaciones, anota todo aquello que hace referencia al servicio de comidas y bebidas en una habitación determinada, como:

- Número de la habitación.
- Hora de la toma de la orden.
- Si se utiliza bandeja o mesa.
- Nombre del camarero que sirve la mesa.
- Hora de salida del pedido.

Las normas más básicas para servir una habitación, son:

1. Comprobar el número de la habitación para no dar lugar a error.
2. Ser puntual en el servicio.
3. No entrar nunca en la habitación sin permiso del cliente. Siempre se llama a la puerta aunque se crea que no hay nadie en la habitación.
4. Cerciorarse de que el pedido está hecho en el momento adecuado para que llegue en perfectas condiciones de frescura y temperatura a la habitación.
5. Comprobar, antes de servir, si las particularidades son correctas (por ejemplo: huevos poco hechos, agua con hielo, etc.).

*Antes de acceder a la habitación hay que tener permiso del cliente.*

En este momento si el servicio se realiza con normalidad, el camarero recoge la comida en la cocina o las bebidas en la barra o en su propio departamento, y con el carro lo transporta a la habitación.

Ya se debe conocer todo lo que han solicitado y el tipo de servicio que prefiere el cliente y cómo debe realizarlo, pues el mayordomo se habrá encargado de que no quede ningún fleco suelto antes de tocar en la puerta de la habitación.

Una vez hecho esto, el camarero entra con su ayudante si lo tuviera y deja la mesa con la comida y la bebida en la habitación; si no se precisa de ningún servicio más, muy educadamente, el camarero abandonará la habitación indicándole al cliente que para cualquier otra cosa llame al servicio de habitaciones.

 **Recuerde**

El *maître* o encargado del servicio de habitaciones deben anotar en el libro de control de mesas lo siguiente:

1. Número de la habitación.
2. Hora de la toma de la orden.
3. Si se utiliza bandeja o mesa.
4. Nombre del camarero que sirve la mesa.
5. Hora de salida del pedido.

## 4.6. Recogida del servicio

La recogida del servicio nunca se debe hacer antes de que transcurra un tiempo prudencial. De hecho, lo más habitual es dejarlo y retirarlo cuando se arregle la habitación, o bien pedir al cliente que llame cuando desee su retirada.

El jefe de habitaciones es el encargado de mandar a recoger el servicio a una habitación, esto lo hará después de haber llamado al huésped o comprobar en la hoja de control el tiempo que la mesa ha permanecido en la habitación.

Al recoger la mesa, el camarero ya fuera de la habitación, debe tomar la tarjeta de control y comprobar todas las piezas anotadas. Es importante recoger todo, ya que se pretende molestar lo menos posible a los clientes. No obstante, si hay que entrar a la habitación para algo que se haya olvidado, se llamará primero por teléfono pidiendo permiso para ello.

Una vez que se ha recogido el servicio, se desmonta la bandeja o carro, enviando todos los enseres al departamento que corresponda.

Es conveniente tomar nota de las habitaciones en que se haya retirado el servicio.

## 4.7. El servicio de bebidas

El servicio de habitaciones dispone no solo del servicio de comidas, también se incluye un servicio de bebidas que de igual manera pueden estar impresas en una carta en la propia habitación del cliente o bien, puede ser el servicio de minibar de que disponen ciertos hoteles.

Para el servicio de bebidas de la carta, el pedido se hace al igual que el de la comida, mediante un pedido que se hace directamente al encargado de las habitaciones, donde el cliente especifica las bebidas que desea tomar. El servicio se realiza de manera idéntica al servicio de la comida.

En este caso, se suele utilizar una bandeja o un carro en la que se incluyen las copas o vasos, la bebida deseada y una cubitera con sus pinzas, si es preciso acompañarlas con hielo, así como cualquier elemento que se sirve acompañando la bebida, ya que esta así lo requiere (limón para un *gin-tonic,* o aceitunas para algún cóctel, etc.).

De igual manera la recogida de la bandeja o carro de la bebida se hace a petición del cliente o bien durante el servicio de habitaciones.

Por otro lado, la mayoría de los hoteles de cierta categoría, incluyen en su servicio el llamado minibar. En este caso, las bebidas quedan recogidas en un pequeño armario refrigerado dentro de la habitación a disposición del cliente para cuando este lo desee. Estas bebidas se cargan en la cuenta durante el servicio de habitaciones cuando el empleado encargado hace el recuento en el minibar y anota los elementos que faltan.

El minibar deberá ser revisado diariamente, reponiendo los productos consumidos, comprobando al mismo tiempo su estado de limpieza y temperatura.

 Aplicación práctica

**Suponiendo que usted es el mayordomo del servicio de habitaciones de un hotel, ¿cómo procedería para organizar el servicio de desayuno que han hecho unos clientes mediante el teléfono?**

Continúa en página siguiente >>

<< Viene de página anterior

**SOLUCIÓN**

En primer lugar, a la hora de coger el teléfono lo haría de la forma más cordial posible preguntando ciertos datos que son imprescindibles para lograr que el servicio se haga correctamente como son:

▮ El número de la habitación, la hora de la toma de la orden. Si el cliente desea que se sirva en bandeja o mesa. El nombre del camarero que sirve la mesa y la hora de salida del pedido.
▮ Seguidamente, se comienza a preparar el servicio llevando una copia de la orden a la cocina y otra a la persona que va a servir la habitación.
▮ Una vez está todo preparado, he de cerciorarme de que todos los elementos que componen este servicio se van a servir correctamente y se anota la hora de llegada de la comida a la habitación, para después dar la orden de recogida.

---

## 5. Características específicas de los servicios tipo bufé y servicios a colectividades

Se han estudiado los diferentes tipos de servicio que existen y las técnicas para llevarlos a cabo consiguiendo un trato correcto con el cliente o invitado, para lograr la satisfacción entre ambas partes.

Uno de estos servicios es el bufé, que en los últimos años ha cobrado gran importancia en la gastronomía, convirtiéndose en un gran pilar de la restauración y a la misma vez en reclamo para conseguir atraer a los consumidores a los distintos establecimientos que la ofertan.

Es por esto, que el servicio bufé se ha ido perfeccionando con el paso del tiempo y ha dado lugar a un verdadero arte de la decoración y elaboración de los alimentos.

El origen del bufé se remonta a las reuniones de la Antigüedad clásica, generalmente de gente poderosa que dieron lugar incluso a un género literario, en el que los eruditos abordaban temas de alta cultura.

El concepto moderno de bufé se desarrolló en Francia en el siglo XVII. El término original se refiere a la "mesa auxiliar", cubierta con ricos textiles, en la que se exponían las viandas en lujosos platos y fuentes.

El bufé hoy es un modo de agasajar, que se destaca por la variedad y el colorido de las presentaciones y es una excelente opción para celebrar una reunión concurrida de manera organizada.

## 5.1. Características específicas del bufé

El concepto bufé nace con la necesidad de dar comidas de una forma diferente, en un espacio reducido y limitando el personal necesario.

El bufé es aquel tipo de servicio en el que los alimentos se encuentran expuestos de forma muy llamativa en una o varias mesas, donde el cliente se sirve él mismo y transporta su comida hasta el lugar donde piensa degustarla, lo que hace que el servicio se desarrolle de forma más rápida que mediante un servicio de comidas en una mesa.

 Nota

En un servicio bufé, el comensal tiene la posibilidad de comer sentado, a diferencia del cóctel donde come de pie.

Este servicio se caracteriza porque los alimentos se disponen en la mesa de manera muy llamativa y cuidando mucho la decoración y la sensación de frescura.

Conseguir un buen bufé se ha convertido en un reto para algunos restaurantes que lo anuncian en su oferta gastronómica como su mejor reclamo. De hecho, este servicio se ha ido fraguando como un arte dentro de la gastronomía mundial.

## Tipos de bufés

Para conseguir que un bufé resulte atractivo, cómodo y rentable, se necesita tener en cuenta varios aspectos que ayudarán a tener éxito.

Para clasificar los tipos de bufé se puede atender a varios factores que los diferencian como la forma de pago, la disposición de las mesas o el tipo de servicio que presta el camarero.

Pero además, se encuentran varias formas de montar un bufé en función de la naturaleza de los alimentos y de su temperatura de servicio o en función de la hora de comida o de la propia oferta gastronómica del servicio.

### *Clasificación según la forma de pago*

Existen varias formas de bufé dependiendo de la forma de pago como los que se detallan a continuación:

▪ Por un lado, la mayoría de establecimientos que eligen el servicio bufé como oferta gastronómica, lo hacen para suplir la necesidad de personal de que dispone para servir las mesas. Es un sistema muy recurrido en hoteles, por ejemplo, donde se ofrece un servicio de todo incluido. Dentro de este, el cliente no tiene que abonar ningún dinero extra a la hora de comer, puesto que ya lo tiene incluido en el paquete turístico que contrató.

▪ La otra fórmula se hace pagando antes de empezar a comer. Esta fórmula es la llamada bufé libre, donde por un precio cerrado, el cliente puede comer todo lo que desee. Es la forma más solicitada de bufé en la actualidad.

■ Por último, aunque no es habitual, existe otro tipo de bufé en el que se paga por la comida que se carga en el plato. El procedimiento es exacto al de un bufé convencional. Sin embargo, a la hora de pagar, el encargado contabiliza la comida y evalúa el importe correspondiente. Para ello, en muchas ocasiones se recurre al peso, es decir, la comida se pesa y se paga en proporción.

### Clasificación según el grado de servicio

Dependiendo del grado de servicio que se presta en el bufé, se puede hacer una nueva clasificación donde se puede encontrar dos modalidades, como:

■ El **bufé asistido.** En el que el personal está presente durante todo el servicio. Su función en este caso va más allá de la simple reposición y retirada de platos. En este caso, el camarero tiene el deber de servir la comida y la bebida al cliente o incluso de realizar ciertas elaboraciones utilizando el *rechaud* o algún tipo de cocina integrada en el bufé.

El bufé asistido tiene un costo mayor en personal, viéndose en ocasiones rentabilizado
por el mayor aprovechamiento de la materia prima debido al racionado correcto.

■ El **bufé no asistido.** En este caso el profesional debe estar pendiente solo de la reposición de platos y bebidas y de la retirada de enseres sucios del lugar de servicio, sin embargo, no está obligado a asistir en el servicio de comidas y bebidas, siendo el cliente el que lo hace por sí mismo.

*El bufé no asistido tiene un costo mayor en materia prima, debido al menor aprovechamiento del cliente.*

 Definición

**Rechaud**
Dispositivo que se usa para cocinar, calentar o flambear platos que no requieran un excesivo cocinado a la vista del cliente y que pueden funcionar a gas o con alcohol dependiendo del modelo.

### Clasificación según la disposición de las mesas

Existen varias formas de distribuir los espacios en un servicio bufé.

La distribución de la mesas de un bufé puede ser de varias formas dependiendo de si se utilizan módulos (unos albergar varios tipos de alimentos o bebidas y otros para el menaje que se utilizará para el bufé) o de si la mesa conforma un solo bloque. En este último caso, un único módulo puede adquirir varias formas dependiendo del espacio del local o de la celebración en sí. Estas mesas se pueden colocar en forma de U, I, L, E o T dependiendo de cada caso.

La distribución en módulos ya sean mesas cuadradas, rectangulares o islas (redondas) permite una mayor fluidez y dinamismo a la hora de servirse los comensales, por lo que si el espacio del local lo permite es más recomendable. No obstante, es más habitual encontrar las mesas cuadradas y pegadas a la pared o en tal caso dejando un estrecho pasillo por detrás para la reposición del género por parte del servicio.

Suele existir una mesa principal, bien para bufé frío o bien para bufé caliente, y otras auxiliares que tienen distintas funciones. Si se trata de un bufé mixto (frío y caliente), lo más habitual es que se encuentren dos mesas principales, ya que cada una de ellas estará acondicionada para conservar los alimentos a la temperatura adecuada.

 Ejemplo

Los alimentos calientes como carnes en salsa o pescados se colocan en bandejas sobre un baño maría, ya que con este método la conservación del alimento se prologa más en el tiempo, puesto que evita que se reseque.

Las mesas auxiliares se destinan básicamente a la exposición de la bebida y el menaje que puedan precisar los comensales, aunque también se puede encontrar en la propia mesa.

Sin embargo, se ha de indicar que como respuesta a la gran demanda que ocasiona este servicio, se han ideado unas mesas específicas de bufé que llevan incorporados unos departamentos en la parte inferior, destinados al menaje que va a utilizar el comensal y que en este caso no precisan de ningún textil para vestirlas o en tal caso un escueto mantel.

Si se refiere al bufé clásico, es preciso indicar que la mesa se viste como ya se ha estudiado en temas anteriores, con el muletón, la falda y el mantel o cubremantel.

*Ejemplo de diseño de una isla bufé dotada de sistema de refrigeración y estante medio para la colocación del menaje facilitando la adquisición del comensal. (© Fotografía: Salvador Aznar / Shutterstock.com)*

 ## Recuerde

El muletón es un mantel grueso que se coloca debajo del mantel para evitar que este se resbale, evitar ruidos y proteger la mesa.

La falda es una enagua que rodea la mesa, fijada con velcro o grapas y que debe llegar hasta el suelo.

El mantel es la tela final que cubre la mesa y que debe colgar a ¾ partes del suelo.

A la hora de elegir la mesa principal del bufé, se debe tener en cuenta que tiene que ser lo bastante grande como para que abarque la cantidad de comida que se vaya a disponer en la mesa.

En este aspecto, los elementos de decoración que se han creado con el fin de decorar la mesa, anotan un punto a favor. Se refiere a unos dispositivos como columnas con distintos niveles que no solo permiten realzar más ciertos alimentos, sino que además, ayudan a que quepa más comida en la mesa.

*El uso de diferentes alturas permitirá un mayor aprovechamiento de la superficie de bufé, realzando al mismo tiempo su vistosidad.*

### Clasificación según su naturaleza

A la hora de distribuir la comida en la mesa del bufé se debe considerar que se hará siempre de una forma lógica y ordenada.

Se ha de tener en cuenta que los alimentos que se elijan deben ser fáciles de coger y servir, ya que es el cliente el que lo hace por sí mismo. Por ello, nunca se elegirán elaboraciones que impliquen un engorro para el cliente.

 Ejemplo

Nunca se elegirán elaboraciones como carnes en trozos grandes, ya que el cliente no se podrá servir con comodidad.

Para lograr un bufé adecuadamente dispuesto, se tendrá en cuenta si se trata de un bufé frío, caliente o mixto, pues es lo que va a permitir la pauta a seguir.

Bufé frío

En este caso, toda la comida se sirve fría. Lo que no quiere decir que los alimentos que se sirvan fríos son elaborados también en frío. Para ello, se hace referencia a las elaboraciones que fueron creadas específicamente para este fin.

Es un servicio muy recurrido, ya que no necesita de ningún dispositivo para mantener los alimentos, ni siquiera frío porque no estarán expuestos durante mucho tiempo.

En un bufé frío se debe guardar una concordancia con los alimentos que se dispongan, diferenciando zonas, y en la mesa siguiendo un orden de consecuencia en los platos, este orden será el siguiente:

1. Entrantes y aperitivos como canapés de distintos patés o embutidos.
2. Ensaladas, hortalizas frías y aliños diferentes.
3. Pasteles fríos de carnes, pescados o verduras, gelatinas saladas, etc.
4. Mariscos y pescados con sus salsas para acompañar.
5. Carnes frías rustidas con salsa, escabeches, asados o galantinas.
6. Postres, pasteles varios, tartas ya porcionadas frutas frescas, etc.
7. Las bebidas se pueden encontrar en una mesa auxiliar.

*Ejemplo de bufé frío*

## Recuerde

Para un correcto servicio de bufé frío, es indispensable contar con los recursos de conservación adecuados y cuidar que los alimentos no se resequen cambiándolos por otros frescos cuando fuera necesario.

## Aplicación práctica

**Imagine que usted es el *maître* de un hotel 5\*\*\*\*\* y le piden que organice un bufé frío para el personal (20 personas) de una empresa que viene a cenar de manera informal al hotel. Explique cómo lo haría.**

### SOLUCIÓN

En primer lugar se debe conocer los detalles que ha exigido el cliente. Para ello, se pondrá en contacto con el departamento que realizó la reserva. Este debe dar las directrices para que se pueda organizar.

En este caso el evento será una cena para 20 personas, informal con un bufé frío.

Para montar correctamente este bufé, se necesitará una mesa bastante grande. Como el evento está previsto a una hora determinada, no se precisará de ningún dispositivo para la manutención de los alimentos.

Por lo tanto, una vez vestida la mesa con su falda, su muletón y el mantel, se distribuye por la mesa los platos en los que se van a servir los invitados, junto con los cubiertos y servilletas. No se elije colocar el menaje en otra mesa puesto que son pocas personas y no será un servicio muy concurrido.

La bebida estará en una mesa continua donde se quedará durante todo el servicio para reponer poco a poco, con el fin de que no se caliente, pues son pocas personas y la demanda no será voluminosa.

Por último, se estará pendiente de que no falte ningún detalle y de que la mesa esté siempre bonita y atractiva.

## Bufé caliente

En este caso toda la comida es caliente. No es muy habitual encontrarlo, pues como norma general un bufé siempre suele ir acompañado de algún tipo de ensalada o entrante frío y postres fríos. No obstante, la distribución de los platos se realiza de la siguiente manera:

1. Entrantes y aperitivos calientes como croquetas, empanadillas y fritos en general.
2. Sopas, caldos y consomés o cualquier otro guiso de cuchara.
3. Pescados en salsa o grillados.
4. Carnes en salsa, braseadas o grilladas.
5. Postres, en general será bollería, galletas, panecillos, etc.

Para lograr que los alimentos se mantengan calientes, se recurre a ciertos módulos preparados para este fin, donde se encuentran varias fórmulas como:

- **Baño maría:** es un recipiente que contiene agua caliente a temperatura constante, donde se introducen las bandejas que contiene los alimentos que se quieren mantener calientes. Es un sistema muy demandado ya que ayuda a la conservación caliente de las viandas consiguiendo una menor resecación.
- **Placas con resistencias:** conservan los alimentos calientes, pero tienen el inconveniente de que se resecan mucho, por lo que se utilizan para elaboraciones que no van a estar expuestas demasiado tiempo.
- **Marmitas:** pueden se integradas o independientes y se usan para conservar las sopas o consomés del bufé.
- **Infrarrojos:** son unas lámparas que irradian calor infrarrojo que mantiene la temperatura de los alimentos.

*Ejemplo de bufé caliente*

**Bufé mixto**

Se trata del bufé más demandado en la actualidad, pues la oferta gastronómica es bastante amplia. Como su nombre indica, es una combinación de ambos tipos de bufé.

En este servicio es habitual encontrar varias mesas destinadas a cada grupo de alimentos. Pero aun así, es preciso mantenerlos dispuestos de una manera ordenada, entonces:

1. Ensaladas, entrantes fríos como canapés variados, patés, pasteles, salados etc.
2. Hortalizas y verduras frías y aliños diferentes.
3. Entrantes calientes y aperitivos calientes.
4. Sopas, caldos y consomés o cualquier otro guiso de cuchara.
5. Carnes y pescados en salsa o grillados.
6. Postres, pasteles, tartas, dulces y galletas en general.

*Ejemplo de bufé mixto*

## El servicio

El servicio de un bufé está ideado con el fin de reducir al máximo la tarea del personal, por lo que se necesitan menos personas que cubran el aconteci-miento. El montaje es lo más laborioso de este sistema y en la mayoría de los casos es el personal de cocina quien se encarga de ello.

A la hora de organizar un bufé, es necesario tener en cuenta ciertos datos que serán imprescindibles para crear un plan de trabajo. Se ha de considerar por ejemplo el tipo de bufé, la oferta de bebidas y gastronomía, así como el día del evento, el número de personas que asistirán, etc.

Si se logra establecer un plan de trabajo en el que aparezcan todas las particularidades del servicio que se van a realizar, como el menaje a utilizar, la disposición de la comida organizadamente, el personal necesario, etc., sin duda se llegará al objetivo final que es obtener un servicio de éxito.

Lo único que se ha de tener en cuenta mientras se está desarrollando el servicio, es que las mesas no pierdan su atractivo inicial, por lo que el personal de asistencia debe estar pendiente de desbarasar correctamente las mesas para que se mantengan en perfecto estado.

 Definición

**Desbarasar**
Es retirar los platos vacíos de una mesa, los cubiertos usados y las copas que ya no son necesarias.

## Tipos de bufé según la oferta gastronómica

Antes se habló de la clasificación del bufé según sus características generales, diferenciando así, el bufé frío, el caliente y el mixto. Pero si se considera la oferta gastronómica que abarca desde la hora en la que se hace hasta el tipo alimentos que se pueden incluir en el bufé, es preciso hacer nuevas diferenciaciones.

### *Bufé desayuno*

La oferta gastronómica de un desayuno suele ser muy variada, donde se pueden encontrar por ejemplo:

- Cafés, infusiones y chocolate caliente.
- Zumos de frutas.
- Tostadas y diferentes panes y bollería.
- Huevos que pueden hacerse al gusto del cliente.
- Embutidos y fiambres.
- Mermeladas, jaleas o mieles.
- Fruta fresca, ya troceada y expuesta de formas muy llamativas.
- Productos lácteos.

*Ejemplo de bufé de desayuno*

 Aplicación práctica

**Usted es el camarero encargado del servicio bufé de desayuno de un hotel 5 estrellas. Explique cómo desarrollaría este servicio suponiendo que han bajado más personas a desayunar de las que se esperaba.**

SOLUCIÓN

En primer lugar, cuando aún no se tiene constancia de las personas que van a acudir, se organiza el bufé de la forma habitual. El montaje de la mesa está a cargo de los cocineros, por lo que solo se tendrá que aprovisionar el servicio de platos, cubiertos, servilletas etc.

En el momento en que los clientes empiezan a llegar, se da el aviso en cocina para que empiecen a preparar la comida caliente como los huevos o tortillas. Al comprobar que llega más gente de lo habitual, se comunicará en cocina y se pedirá ayuda en caso de que sea necesario a otro compañero, para que en ningún momento la mesa quede antiestética o con platos vacíos.

Por otro lado, me aseguro de que todos los clientes tengan sus bebidas calientes como café o té para lo que también se pedirá ayuda de otro compañero.

Por último, se intentará que todo el servicio se desarrolle de la forma más normal y tranquila posible.

### Bufé almuerzo o cena

Es un sistema muy recurrido, ya que es un servicio en el que se puede comer cuanto se desee y a buen precio, incluso algunos paquetes turísticos lo ofertan como su reclamo.

Este bufé, en la mayoría de los casos, consta de una parte caliente y otra fría y está compuesto por los alimentos propios del bufé mixto.

### Bufé lunch

Es un tipo de bufé que se oferta a media mañana, entre las 11 y las 15 horas. No es muy habitual en España, sin embargo con la apertura de fronteras, sobre todo en el ámbito laboral, se ha puesto muy de moda.

Se trata de un desayuno largo que se prepara habitualmente durante reuniones de empresa, en la inauguración de un local o en la presentación de un libro.

Este sistema se compone de los mismos alimentos que un desayuno al que se le incluye algunas pastas o arroces, algo de caldo, carnes o pescados ya sean fríos o calientes.

### Bufé temático

Este tipo de bufé se desarrolla dentro del servicio y cena. Se hace con el fin de atraer la atención del cliente, utilizando para ello un solo producto como reclamo.

 Ejemplo

En este caso se puede encontrar bufé solo de arroces, de mariscos o solo de frutas.

### Bufé show

Se trata de un sistema muy de moda en la actualidad que se sustenta en la oferta de la preparación de la comida a la vista del cliente.

En este caso el bufé se presenta sin elaborar, el cliente escoge lo que desea comer y lo lleva hasta un mostrador donde el personal lo cocina al gusto. Puede ser el complemento de un bufé caliente u ofertarse como un solo reclamo.

*El profesional destinado a cubrir esta oferta deberá mostrar gran destreza en la elaboración culinaria, mostrando al mismo tiempo amabilidad con el cliente, siendo afable y cordial. (© Fotografía: Salvador Aznar / Shutterstock.com)*

## 5.2. Características específicas del servicio a colectividades

El servicio a colectividades es aquel que se encarga de la restauración en grandes volúmenes.

Generalmente, se trata de empresas que se dedican a la elaboración y servicio de comidas en lugares, ya sean públicos o privados, donde el cliente está en cierta medida obligado a hacer uso de este servicio. Son las empresas destinadas a abastecer la demanda gastronómica de hospitales, colegios, residencias, etc.

 **Definición**

**Consumidor cautivo**
Es aquel que tiene muy pocas o ninguna posibilidad de elegir dónde comer, ya que lo hace
en un centro que está obligado a ofrecer este servicio.

Los servicios de restauración colectiva se distinguen fundamentalmente de los servicios de restauración comercial por las condiciones económicas en las cuales se realiza el servicio, por el público al que va dirigido, el lugar donde se presta el servicio y el precio de facturación.

Las empresas dedicadas al servicio a colectividades, son todas aquellas que se encargan de elaborar y servir comidas con gran volumen. Dentro de esta fórmula se pueden encontrar varias formas de realizar este servicio.

## Tipos de servicio a colectividades

A la hora de hablar de colectividades, se debe hacer dos distinciones dependiendo del lugar de elaboración y el lugar de servicio.

### Elaboración en el mismo lugar de consumo

Son aquellas cocinas que preparan las comidas en el mismo centro donde después serán servidas. Para ello, es probable que precisen de su propio personal o bien que este sea cedido por una empresa externa. En cualquier caso las compras para abastecer la demanda gastronómica también pueden estar a cargo de la propia empresa o bien de la empresa externa. Esto dependerá del convenio que exista entre ambas.

Ejemplo

En la mayoría de los hospitales se dispone de personal propio para la preparación y servicio de la comida. En cambio algunos colegios o residencias ofrecen a una empresa externa una subcontrata en la que ceden la labor de preparar y servir la comida, en el propio centro.

### Elaboración en un centro distinto del lugar de servicio

En este caso, la comida se prepara por el personal autorizado, en una cocina central, que poseerá todos los requisitos que contempla la legislación vigente en cuanto a la seguridad e higiene en la preelaboración, elaboración y conservación de los alimentos. Posteriormente se transporta a las cocinas satélite o de ensamblaje, donde se termina el alimento para que sea servido por el propio personal de la empresa donde se va realizar el servicio o bien por la empresa que prepara la comida, en el lugar en cuestión.

Para poder llevar a cabo este servicio se hace imprescindible saber que el proceso se alarga irremediablemente por el hecho de tener que transportar la comida, por lo que se necesita un vehículo adaptado para tal fin como son los isotermos, que reservan la temperatura de los alimentos o los que vienen provistos de algún dispositivo de frío o calor para mantener una correcta temperatura de los alimentos durante el viaje.

Este es el caso del *catering* donde toda la comida se prepara en un centro de trabajo distinto del centro de servicio.

### Funcionamiento de una empresa de catering de colectividades

Para realizar la prestación del servicio a una colectividad se firma un contrato con la empresa cliente para dar el servicio de comedor. La empresa cliente, y no el consumidor final, determina la naturaleza del servicio que se va a ofrecer en sus instalaciones (diversidad, frecuencia de cada tipo de comida, etc.), los requerimientos nutricionales y de calidad, y la información que debe estar disponible, tanto para la empresa cliente como para el consumidor final.

La empresa de *catering* presta los servicios en las instalaciones de la empresa cliente (colegios, hospitales, etc.). Puesto que el consumidor final es "cautivo" las empresas suelen ofrecer unos menús sanos y equilibrados, valorados nutricionalmente, por dietistas y nutricionistas. Estas empresas de restauración colectivas están en la obligación de que, en el caso de los colegios, den información adicional para los padres y madres para que complementen la dieta de sus hijos en casa.

 Sabía que...

El elaborar dietas específicas en los colegios y dar información a los padres, se ha establecido desde hace poco tiempo como consecuencia de la voz de alarma que se ha dado recientemente y que dice que más del 16 % de los niños de entre 6 y 12 años, tienen problemas de sobrepeso.

Los servicios de restauración social se prestan en los lugares de trabajo o de vida o lo más próximo de este, en locales especialmente habilitados. Tal localización es un factor esencial para comidas que son generalmente tomadas en grupo, en un espíritu de cohesión social, y en un tiempo limitado, debido a imperativos económicos.

El precio del servicio es considerablemente inferior al precio de la restauración comercial, un 60 % menos (haciendo referencia al precio de los menús del día que tiene un restaurante medio, en cuanto a las comidas a la carta la diferencia se incrementa aún más).

Generalmente se accede a los contratos y a la prestación del servicio mediante concurso público o privado. Es un precio social que incluye unos altos estándares de calidad, higiene y seguridad alimentaria.

## 6. Formalización de comandas sencillas

Uno de estos elementos imprescindible para el funcionamiento de un establecimiento en hostelería es la comanda.

La comanda fue creada a la vez que los restaurantes, pues es indispensable para que el servicio de la sala conozca qué es lo que van a tomar los clientes, cuándo y cómo desean hacerlo.

A lo largo de la historia, la comanda ha sido susceptible de innumerables cambios y formatos. De hecho, se han conocido comandas escritas en un simple trozo de papel e incluso en una servilleta, aunque lo más común es encontrarlas ya listas para el uso con un esquema establecido, que acelera su elaboración con las distintas copias necesarias para cada departamento del restaurante. Además, con la llegada de las nuevas tecnologías han aparecido incluso comandas electrónicas que se han convertido en un instrumento muy recurrido por su rapidez y limpieza y que aceleran aún más el trabajo del personal reduciendo trayectos y errores.

Cada establecimiento posee su propia forma de elaborarlas, aunque lo cierto es que en la mayoría de ellos se sigue un sencillo patrón común que se ha ido fraguando con el tiempo, convirtiéndose en un instrumento de dominio público.

La comanda es el documento más importante del que dispone el personal de servicio para realizar su trabajo, pues son los deseos del cliente plasmados en un papel y que servirá como su medio de transporte hasta los otros departamentos del establecimiento que no tienen contacto directo con este.

### 6.1. Características de la comanda

La comanda es un soporte documental o vale donde se anota todo lo referente al pedido de un cliente en un establecimiento de restauración.

Este documento, ya sea en papel o informático, sirve de soporte de los deseos del cliente y por ello debe ser lo más explícita posible, llevando impresos no solo lo referente a la oferta gastronómica del restaurante sino también a los tiempos a seguir, las preferencias de preparación de ciertos alimentos y bebidas o cualquier otra sugerencia que pueda aportar para conseguir la completa satisfacción del cliente.

Además, la comanda es indispensable para el departamento de facturación, siendo el documento más importante, ya que aporta todos los factores que determinan poder efectuar este proceso con una garantía, tanto para el cliente como para el propio departamento, pues en él aparecen tanto los productos como las cantidades que se han pedido.

 **Recuerde**

La persona encargada de rellenar la comanda es el maître del establecimiento o el segundo maître como norma general.

**Tipos de comanda**

Existen varios tipos de comandas, cada una con un formato distinto que se adecúa a cada establecimiento y que presenta en su estructura una serie de características más afines a su forma de trabajar o a su política interna.

A continuación, se muestran las más utilizadas en la actualidad.

### La comanda simple

Este tipo de comanda es la más utilizada en restauración. Se trata de unos librillos o comanderos que ya vienen encuadernados e impresos con diseños esquemáticos y simples, que facilitan la labor de la persona que toma la comanda.

Estos comanderos son de pequeño tamaño y muy manejables. La primera hoja lleva adjuntas dos copias que se graban al escribir sobre esta y vienen preparados con separadores de cartón para tomar cada comanda de forma independiente de las que restan del comandero.

Es un sistema muy fácil de usar ya que está diseñada de una forma muy simple para agilizar los pedidos.

En contra, hay que decir que en ocasiones se puede quedar demasiado pequeña y que puede suceder que se precise de varias notas para un mismo pedido. Esto incrementa el riesgo de errores consecuentes de una pérdida o extravío.

*Ejemplo de comandero simple*

### *La comanda predeterminada*

En este caso se trata de una comanda también impresa en papel con dos copias complementarias, también son muy manejables en cuanto a su tamaño.

Esta comanda se diferencia de la anterior en que además de los esquemas básicos, trae impresa también toda la oferta gastronómica del establecimiento o en su caso de los productos más requeridos, dejando al final un apartado para notas o recomendaciones.

Es muy utilizada en establecimientos donde la rapidez se hace imprescindible, ya que la persona encargada de tomar la comanda solo tiene que marcar el recuadro que se encuentra al lado del nombre del producto o de su referencia, especificando la cantidad. Esto agiliza aún más el servicio y a la vez lo simplifica al máximo reduciendo el riesgo de error.

 Sabía que...

Muchos errores que suceden durante un servicio a la hora de atender correctamente las peticiones de un cliente, se dan porque el cocinero no sabe interpretar la letra de algunos de los camareros.

### *TPV o Terminal de Punto de Venta*

Se trata de un dispositivo informático que ayuda en la tarea de los camareros acelerando todos los procesos que se dan a la hora de tomar una comanda.

Es un instrumento en auge gracias al perfeccionamiento que la tecnología ha desplegado sobre ellos.

El TPV, es en definitiva un sistema informático que permite tomar la comanda e introducir los datos en el ordenador de una forma muy esquemática y a la vez que sea enviada directamente a los distintitos departamentos del establecimiento, que tienen sus propios terminales, para que de una manera automática comiencen a ejecutarse todos los procesos.

Incluso existen unas comandas electrónicas que son portátiles y muy manejables y que permiten al camarero tomar la comanda a pie de mesa y que se inicien el resto de los procesos del servicio de una manera aún más automática.

Indiscutiblemente este sistema se ha convertido en un gran acelerador de los servicios en hostelería, imprescindible para responder a la demanda de los tiempos que corren.

*Ejemplo de comanda electrónica*

### Clases de comanda

Dependiendo del tipo de servicio, se puede decir que existen varias clases de comandas adecuadas para cada uno de ellos y para el departamento que intervenga. De esta manera se encuentran las siguientes comandas:

- **Comanda corriente.** Como ya se ha dicho, en esta comanda aparecen los platos de la carta o el menú y las bebidas comunes como refrescos, cerveza, copa de vino, etc.

- **Comanda de vinos.** Como norma general, la comanda de vinos la toma el sumiller del establecimiento. Para ello, primero habrá entregado la carta de vinos a los clientes, habiendo aconsejado y asesorado sobre los mejores maridajes para los platos que hayan elegido. La comanda es exacta a una corriente y se toma siguiendo las mismas pautas.

- **Comanda de postres.** Esta comanda sigue el mismo criterio que las demás, con la salvedad de que como norma general, la carta de postres debe de ser entrega al cliente después de que haya terminado su segundo plato, salvo otra indicación. Una vez terminada, la hoja original irá a la cocina en la partida de pastelería o a pastelería si se trata de un departamento independiente.

- **Comanda de desayuno.** La comanda de desayuno se toma solo para los productos que son calientes como los huevos, tortillas, etc. Puesto que como norma general la mayoría de los servicios de desayuno se realizan mediante el sistema bufé.

 Nota

El maridaje es la perfecta relación de armonía entre el vino y los alimentos que lo acompañan, estableciéndose una consonancia entre el sabor, olor y textura de la comida con el vino.

### Datos de la comanda

Como se ha dicho, la comanda debe ser lo más completa posible para saber los gustos y preferencias del cliente y por supuesto que el resto del personal esté enterado de ello.

Por lo tanto, se ha establecido que una comanda debe llevar ciertos datos para conseguir hacer de ella un documento lo más explicativo posible. Para que todos los procesos del servicio se realicen de una forma satisfactoria, los datos que se deben recoger en una comanda son:

- Fecha y hora a la que se realiza el servicio.
- El tipo de servicio, si es menú, carta, servicio de bar o de habitaciones, el lugar del local donde se realiza el servicio (barra, terraza, etc.).
- Número de mesa que ocupan los clientes.
- Número de personas que se sientan en la mesa y número de personas a las que se servirá.
- Nombre de los productos que han pedido los clientes o en su caso el número de referencia de cada producto.
- Cantidad del producto solicitado.
- Número de referencia del cliente. Esto se hace para saber qué cliente ha pedido cada producto y el orden en que se debe servir.
- Nombre y firma de la persona que ha tomado la comanda.
- Nombre del jefe de rango que organizará el servicio.

### Elaboración de la comanda

Para elaborar una comanda correctamente, la persona encargada de tomarla debe ser conocedor de la oferta gastronómica del establecimiento. Debe saber aconsejar sobre los platos, solventar posibles dudas de los clientes.

Además, entre el chef y el *maître* cada día se elabora una lista con los platos que deberían salir antes de la cocina ya sea porque el género tenga más tiempo o porque sean más rentables que otros y anotar el número de raciones de cada uno para llevar un control a la hora de venderlos.

Por todo ello, la persona que trata directamente con el cliente tiene que ser un auténtico profesional de la venta, en este caso de comida y bebida.

 Nota

Una correcta toma de comanda facilitará la ejecución del servicio, permitiendo a su vez el estudio de tendencias de consumo, detección de pérdidas, etc.

*El responsable de tomar la comanda deberá conocer las características de los platos: sus ingredientes, métodos de elaboración, posibles alérgenos, etc., contribuyendo a una elección acertada y con ello a la satisfacción del cliente.*

Para tomar una comanda en un restaurante u hotel con servicio de menú o carta, se tendrá en cuenta hacerlo de la siguiente manera:

1. En primer lugar, una vez que los clientes están acomodados en la mesa, se les entrega la carta, siempre de la manera más correcta: primero a las damas y después a los varones, siempre por la derecha y con la carta ya abierta. En este momento, el *maître* puede recomendar algunos platos o sugerencias del chef, estén en la carta o no, e informar de cualquier anomalía que pudiera existir en la carta, como la disponibilidad reducida o nula de un plato.

   Se retira de la mesa para dejar deliberar libremente a los clientes, sobre lo que desean tomar.

2. Al cabo de un rato, el *maître* se acerca de nuevo a la mesa para preguntar a los comensales si han decidido, ya lo que desean tomar. En este momento, es cuando debe aconsejar sobre los platos, ofreciéndose a ayudar en la elección, haciendo sugerencias o recomendando los platos que más éxito tienen en el comedor.

3. A la hora de tomar la comanda, se debe seguir el mismo criterio que se utilizará durante el servicio, es decir, dependiendo del tipo de servicio establecido en el restaurante; la comanda se hará de la misma manera. Como norma general, se comienza por las damas de mayor a menor edad y se continúa sirviendo a los varones siguiendo el mismo criterio.

4. Para evitar que a la hora de llevar la comida y la bebida, el camarero tenga que preguntar quién toma cada plato o bebida, molestando así a los comensales, el *maître*, asigna un número de referencia a cada cliente que ayudará al resto de la plantilla a servir correctamente a cada comensal sin necesidad de preguntar. Este número de referencia será el acordado en consenso por todo el personal, aunque como norma general se comienza asignando el número 1 a la persona que esté más cerca de la puerta del salón y siguiendo en sentido contrario de las agujas del reloj.

5. Los platos se anotan de forma clara y legible y en orden, indicando junto al nombre del plato el número de referencia del cliente. Si algún producto es elegido por dos o más clientes, bastará con anotar al lado de su nombre, todos los números asignados a los clientes que elijan este plato. Es conveniente también indicar la cantidad de platos solicitados y se hace anotando el número total de platos solicitados a la izquierda de su nombre.

6. Todos los grupos de los platos se anotan en la comanda siguiendo un orden y diferenciándolos claramente mediante una línea horizontal. De esta manera, lo primero que aparece en la comanda son los entrantes que sean a compartir, ya que es lo primero que se sirve, separados de estos, los primeros y seguidos de los "sigue", que son los segundos platos, y por último las bebidas.

7. Los platos a compartir se indican mediante el símbolo: Ø.

8. Es conveniente usar abreviaturas de los platos para que quede lugar para anotar cualquier otra información que desee el cliente con respecto a su pedido, (punto de la carne o el pescado, si desea que se incorpore o se quite algún ingrediente).

9. En ocasiones, cuando el número de comensales es elevado, es preciso elaborar un croquis donde se anota la ubicación de cada cliente y lo que ha pedido.

10. Por último, el *maître* retira las cartas indicando a los clientes que queda a disposición de ellos, para cualquier otra consulta o sugerencia.

| N.º mesa | N.º personas | Tipo de servicio | Fecha y hora | Nombre camarero |
|----------|--------------|------------------|--------------|-----------------|
| X | 4 | Carta | X | |

| 2 aperitivos variados |
|---|
| 2 ensaladas, 1, 3 |
| 1 sopa, 4 |
| 1 pasta, 2 |

| 2 carnes, 1, 4 |
|---|
| 2 pescados, 3, 2 |

| Bebidas: |
|---|
| 2 refrescos, 1, 3 |
| 2 vinos 2, 4 |

*Ejemplo de comanda*

 **Aplicación práctica**

Imagine que usted es el maître de un restaurante y tiene que tomar la comanda de una mesa en la que se sientan 4 damas adultas, que tomarán las cuatro ensaladas distintas que hay en la carta como primer plato, y unas entradas variadas a compartir. De segundo dos de ellas (las que se sientan más próximas a la puerta) tomarán carne y las otras dos, pescado. Para beber tomarán agua.

**SOLUCIÓN**

Primeramente, se tomará como referencia a la persona que se encuentra más próxima a la puerta, para asignarle su número de referencia, en este caso el 1 y siguiendo el sentido contrario de las agujas del reloj se asignará el resto.

Continúa en página siguiente >>

<< Viene de página anterior

| N.º mesa | N.º personas | Tipo de servicio | Fecha y hora | Nombre camarero |
|---|---|---|---|---|
| X | 4 | Carta | X | |
| Aperitivos variados<br>Ø<br>Ensalada césar, 1<br>Ensalada mixta, 2<br>Ensalada de espinacas, 3<br>Ensalada templada, 4 | | | | |
| 2 carnes, 1, 2<br>2 pescados, 3, 4 | | | | |
| Bebidas:<br>Agua | | | | |

## El recorrido de la comanda

Como se ha dicho antes, la comanda dispone de tres hojas: una original y dos copias. El encargado de distribuir cada una de las copias es el camarero ayudante del *maître.*

El recorrido en sí de la comanda comienza llevando la hoja original al departamento que abastece la comida y la bebida, ya sea cocina, economato, bodega o barra.

 Sabía que...

Cuando una comanda llega a la cocina, ya sea el chef o el propio *maître,* se "canta", es anunciada en voz alta indicando los platos del pedido para que todo el personal de cocina sepa qué debe preparar y cuándo tienen que salir los platos a sala.

La primera copia se lleva directamente al departamento de facturación para que comience este proceso. Primeramente, se abre el número de mesa con los comensales que hay en la mesa, indicando la persona encargada de servirla. Se introduce la referencia de todos los productos anotados en la primera comanda y a continuación, se añaden el resto de elementos que se vayan incluyendo en la mesa en comandas posteriores.

La segunda copia queda en posesión del camarero encargado de servir la mesa que la toma como referencia para realizar el servicio de una forma correcta y servir a cada comensal lo que ha solicitado.

## El *suite y el retour*

En ocasiones, puede suceder que se produzca un cambio en la comanda una vez que se supone que está concluida y en proceso de facturación. Se hace imprescindible hacer una rectificación de esta, que se hace mediante un *suite* o un *retour* dependiendo de cada caso.

### El suite o sigue

Esta es una comanda complementaria a la ya existente. Se realiza cuando la comanda está tomada y se incorpora otro comensal o los clientes desean incluir algún otro plato.

| N.º mesa | N.º personas | Tipo de servicio | Fecha y hora | Nombre camarero |
|---|---|---|---|---|
| X | 4 | Carta | X | |
| *SUITE* 1 ensalada,5 | | | | |
| 1 carnes, 5 | | | | |
| Bebidas: 1 vino,5 | | | | |

*Ejemplo de comanda suite*

### El retour o cambio

En esta ocasión, se hace una comanda complementaria pero en la que se incluyen las indicaciones para que se realice un cambio, bien porque el comensal decide cambiar un plato en el último momento o porque una vez se le ha servido su plato, no le gusta y decide probar cualquier otro.

Se anota el plato que no procede, o sea, el que se desea cambiar y debajo, el plato que se desea introducir.

| N.º mesa | N.º personas | Tipo de servicio | Fecha y hora | Nombre camarero |
|---|---|---|---|---|
| X | 4 | Carta | X | |

*RETOUR*
1 ensalada,1
*Retour*
1 pasta, 1

*Ejemplo de comanda retour*

Para cualquiera de las dos modalidades, se tomará una comanda con las mismas características que una comanda corriente con la única salvedad de que se anota la palabra *suite* o *retour* al principio de la nota.

## 7. Aplicación de técnicas básicas de atención al cliente

Hoy día existen en el mercado una gran diversidad de productos mejorados y que superan con creces las llamadas fronteras de la calidad, haciendo que por sí mismos sean de total confianza para el cliente.

Si se tiene esto en cuenta, ha de hacerse una pregunta indispensable: ¿cómo se hace para conseguir la fidelización del cliente?

Para hallar la respuesta más acertada se ha de recurrir a algunos parámetros que escapan, ciertamente, al mero producto. Se refiere a la puesta en
escena de este producto perfecto: los recursos humanos propiamente dichos.

En hostelería, el producto es importante, pero el servicio se podría decir que
lo es de la misma forma. Pues, se ha de considerar que el servicio al cliente
es el producto en sí.

La **fidelización del cliente** es el objetivo final del trabajo y por ello, el personal de servicio debe ser extremadamente cuidadoso con las formas, los detalles, la predisposición al trabajo, y muchos aspectos más.

 Definición

---

**Fidelización de clientes**
Consiste en lograr que un cliente (una persona que ya ha sido partícipe de los servicios) se
convierta en un cliente fiel; es decir, se convierta en un cliente asiduo o frecuente.

---

La fidelización de clientes, permite lograr que el cliente repita la visita y
que, muy probablemente, se lo recomiende a otros consumidores.

Pero para conocer en este sentido el terreno del servicio dentro de la hostelería se debe hacer un inciso en cuanto al tipo de cliente más básico: el cliente
interno y el cliente externo.

## 7.1. El cliente interno

Se define cliente interno como aquel que presta un servicio a la empresa.
Es decir, es aquel que trabaja para la empresa y que al igual que el cliente
externo es merecedor del intento de fidelización por parte de la empresa.

En este caso, el cliente interno es el pilar básico para que una empresa logre la fidelidad de sus clientes externos y es por esto que debe proponerse la plena satisfacción de ambos dentro del establecimiento.

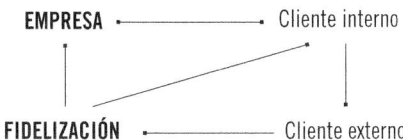

En este diagrama se puede observar que el cliente interno es el nexo de unión entre la fidelización cliente externo y la empresa, que a su vez debe conservar la fidelidad del cliente interno para lograr objetivos.

**Claves para conservar al cliente interno**

Algunas de estas claves se han ido convirtiendo en reglas fundamentales para sostener una empresa en cuanto a su funcionamiento interno, y que es a su vez la forma de mantener la clientela externa.

Para ello, se debe saber que el cliente interno debe estar satisfecho y por eso la empresa tiene que aplicar las siguientes claves:

- Propiciar un buen ambiente de trabajo.
- Incentivar en la medida de lo posible a los trabajadores.
- Comprender, ayudar y mediar en los conflictos.
- Hablar y dialogar con los trabajadores.
- Propiciar el trabajo bien organizado.
- Premiar la buena actitud.
- Buscar el liderazgo en personas competentes.

## 7.2. El cliente externo

Este es el cliente propiamente dicho. Es la persona que viene al establecimiento en busca del producto o servicio.

Para conseguir una correcta atención al cliente, el personal de servicio debe conocer ciertas técnicas que existen y además cuándo se deben aplicar en función del tipo de cliente de que se trate.

Para ello, lo primero que se ha de tener en cuenta son los tipos de clientes que existen en función de varios factores que determinan su personalidad y la forma en la que se debe atender.

## Circunstancias que rodean a cada cliente

Comprender el conjunto de circunstancias que definen a los diferentes tipos de clientes, ayudarán a satisfacer sus gustos y necesidades personales.

### Hábitos alimentarios

Los hábitos alimentarios de los diferentes pueblos y naciones implican también diferentes comportamientos y exigencias en los clientes.

### Tradición

Las costumbres tradicionales ligadas a los productos de la zona y a lo que se denomina cocina tradicional harán que los clientes deseen encontrar un tipo determinado de productos.

### La edad

Es uno de los factores determinantes en lo que se refiere a cantidad y a gustos por diferentes tipos de alimentación.

### Tipo de trabajo

El aporte alimenticio para trabajadores de gran desgaste físico ha de ser diferente al de los empleados que tienen un trabajo más sedentario.

*Frecuencia*

La frecuencia con la que asisten los mismos clientes a un establecimiento es otro factor importante para atender satisfactoriamente a un cliente.

Los clientes tienen unas preferencias definidas por su forma de ser, edad, condición social, ideología, etc., que determinan sus gustos.

*Motivación*

Los motivos más habituales por los que un cliente come fuera de casa son: almuerzos de trabajo, comidas familiares, comida-nutrición, comida en viaje, estancia, visita y vacaciones.

## Tipos de clientes

Para conocer a fondo a los clientes se debe estudiar los distintos tipos que existen, puesto que de alguna manera determinan sus hábitos alimentarios.

*El acelerado*

Se le debe atender dando la sensación de la mayor agilidad posible.

*El calmado*

No es un cliente demasiado exigente, no obstante, se deberá procurar que no interrumpa la agilidad del servicio.

*El caprichoso*

No hay que dudar en complacerle siempre que se pueda, puesto que si pide algo es sin duda porque le satisface.

*El cordial*

Aunque no lo exija merece un trato amable, por lo que hay que atenderle con mucho cuidado.

### El descontento

Se deberá preguntar qué problema tiene e intentar satisfacerlo aunque se sepa que no tiene razón.

## Consejo

Cuando un cliente expresa su descontento, se le debe escuchar con mucha atención, aunque se considere que no lleva razón pero se sabe que existe una solución; no se discutirá en lo más mínimo, simplemente se hará todo lo posible para satisfacerle con la otra alternativa.

### El despistado

Hay que tratarlo con amabilidad y se le informará de las particularidades del restaurante ayudándole a relajarse.

### El especial

Explicará lo que le gusta y lo que no, puede resultar enojoso por sus gustos peculiares y suele ser muy quisquilloso, aun así hay que intentar satisfacerle en todo lo que se pueda.

### El experto

Siempre se escuchará con mucha atención, puesto que es un buen entendedor y puede ayudar a dar un servicio mejor.

### El impertinente

Suele ser algo grosero en sus formas pero como cliente que es, habrá que atenderle de la forma más correcta posible.

### El indeciso

Solo la paciencia puede ayudar a solventar la situación. Se le ayudará a decidir hablándole.

### El meticuloso

Hay que tener la suficiente habilidad para hacerle ver las cosas que pueden estar bien y reaccionar siempre con sentido del humor. Frente a sus comentarios no hay que pensar que está criticando directamente.

### El negativo

Su trato también requiere grandes dosis de paciencia y, sobre todo no intentar cambiar su forma de ser.

### Los niños

Los niños conllevan constantes sorpresas, pues mientras unos se quedan mirando todo lo que sucede en el restaurante, otros serán revoltosos y difíciles de controlar.

Hay que tener en cuenta que les gusta salir a comer fuera de casa, por eso con habilidad se les podrá colocar en una mesa donde estén cómodos, hay que mantenerlos atentos a lo que vienen a hacer a un restaurante, que es a comer.

### El revoltoso

Mostrarse firme pero no grosero y decirle que su actitud puede resultar molesta para los demás clientes. Lo único que funcionará es la comunicación.

### El rollista

Este cliente podría tener al personal de servicio a su merced durante horas, por eso hay que saber deshacerse de él de una forma educada y cortés e incluso sin que llegue a percatarse de que se está obviando su presencia.

### El tímido

Hay que evitar que la falta de atención hacia él le decida no volver. Se debe estar atento a los signos de expresión, pues es lo único que dará es alguna pista de su estado en el establecimiento.

### Clientes con necesidades especiales

Son clientes que precisan de una especial atención, en el momento en el que llegan al establecimiento. Se trata de personas con alguna minusvalía física o psíquica, y que por tanto, son merecedores no solo de un trato correcto, sino también de unas instalaciones físicas acordes con sus necesidades.

Se hace referencia en este caso a zonas habilitadas para minusválidos, como los baños por ejemplo o una barra de bar adaptada para personas en silla de ruedas, así como entradas accesibles, etc.

## 7.3. Habilidades del personal de servicio aplicadas a la atención al cliente

Tener ciertas habilidades a la hora de atender a un cliente es tan importante como conocer técnicas de servicio o saber a la perfección cómo utilizar las herramientas para un trabajo determinado.

Las personas habilidosas a la hora de atender a un cliente se encontrarán más a menudo ante situaciones satisfactorias en su puesto de trabajo, que sin duda propician un buen ambiente entre clientes y personal.

Transmitir buena educación y saber estar es uno de los pilares fundamentales del servicio al cliente y se ha convertido en referente de muchos establecimientos que lo promulgan como su mejor reclamo. De hecho en la actualidad, en cualquier puesto de trabajo que se presente, tener buena presencia y don de gentes es requisito indispensable.

El personal de servicio debe poseer una serie de cualidades y habilidades a la hora de atender a un cliente, para ello debe poseer cierta formación y poseer unas características determinadas, destacando:

- **Empatía:** es la capacidad de ponerse en lugar del comensal, adivinando en cierta medida sus gustos y preferencias.
- **Excelente comunicador:** es imprescindible que goce de buena educación y cortesía.
- **Ser organizado y asumir** responsabilidades.
- **Derrochar optimismo y entusiasmo:** transmitiéndoselo al cliente.
- **Capacidad de observación:** observando el personal de servicio puede advertir la personalidad del cliente y actuar en las diferentes situaciones que se le presenten.
- **Memoria y agudeza olfativa, gustativa y visual:** recuerde que es imprescindible para conseguir la correcta consecución de un servicio.
- **Capacidad de síntesis:** consiste en saber concretar, argumentar y convencer sobre cualquier cuestión que le surja a un cliente indeciso.
- **Ofrecer confianza y seguridad:** esto es imprescindible para poder llevar al cliente a su terreno y así ejercer cierta influencia sobre él para que finalmente quede contento con su decisión.
- **Higiene personal y buena presencia.**
- **Sonreír:** es la continua expresión del optimismo en el restaurante.
- **Ser sincero, honesto y formal.**

 Nota

Siempre hay que ponerle buena cara al cliente, aunque le esté reprochando que ha sido mal atendido.

## 7.4. Principios fundamentales para la atención al cliente

Hoy día como se ha explicado con anterioridad, la correcta atención al cliente se ha convertido en el aspecto primordial para conseguir el éxito en el puesto de trabajo.

Cuando se habla de éxito se refiere más que a desempeñar un importante papel en una empresa, a ejercerlo de forma abierta y satisfactoria, no solo para el empleado, sino también para el cliente.

Conseguir un trato correcto hacia el cliente se fundamenta básicamente en establecer una comunicación limpia y clara, ponerse en su piel y pretender no llevar a cabo acciones que no gustan, y al mismo tiempo hacer que el cliente se sienta como en su casa, sin excesivas cohibiciones, ayudándole a estar cómodo tanto en el lugar como con la presencia de los trabajadores.

Se ha de tener en cuenta que en la mayoría de los casos un cliente que llega al establecimiento, lo hace por primera vez, por lo que para él el local es desconocido, así como cualquier cosa que pida durante su estancia. Es por esto que los empleados son los encargados de ayudarle a sentirse a gusto para que finalmente vuelva a visitar el local que es el principal objetivo.

Para lograr una correcta atención al cliente, el camarero debe tener siempre presente que hay tres pilares fundamentales; estos pilares son:

- **El diálogo.** Es primordial para romper el hielo con el cliente. Sin embargo, es importante no excederse al intentar entablar una conversación, pues a veces es habitual que el cliente no desee hacerlo, por lo que se estaría cometiendo un error.
- **La empatía.** Para no cometer estos errores un camarero debe ponerse en la piel del cliente. En la primera toma de contacto, el personal de servicio debe saber cómo es su cliente y cómo debe atenderle.
- **La creación de un clima de confianza.** El ambiente que se respira en un establecimiento de restauración es el determinante que hace que un cliente decida volver o no. Es cierto que cada establecimiento tiene su propio ambiente que será más o menos calmado en función del tipo

de cliente que lo frecuente. Por ello, lo más importante es definir este ambiente y tenerlo siempre presente.

Ayudar a un cliente reportará también sensaciones gratas.

*Recuerda que el diálogo, la empatía y la creación de un clima de confianza son pilares fundamentales para una correcta atención.*

## 7.5. La comunicación

En la atención al cliente uno de los aspectos más importantes es la comunicación, ya que es la base de todas las relaciones; esta consiste en la transmisión de información desde un emisor, hasta un receptor, por medio de un canal, utilizando un código de signos y palabras conocido, que es el mensaje, todo ello envuelto en un mismo contexto y produciéndose una retroalimentación por parte del receptor al emisor.

### La retroalimentación

En toda conversación en la que intervienen dos o más personas se produce una retroalimentación, es decir, la persona receptora entiende a la perfección el mensaje que el emisor le está transmitiendo y procesa una respuesta que a su vez se convierte en mensaje, consiguiendo un entendimiento recíproco entre ambos.

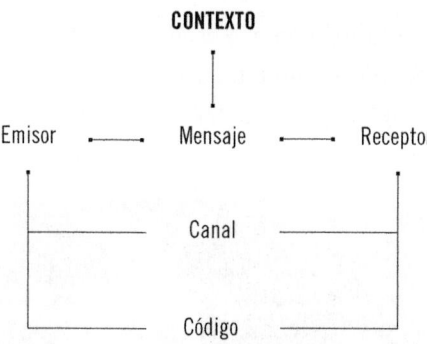

En la comunicación con el cliente se debe tener en cuenta tanto a la comunicación verbal como a la no verbal.

### Comunicación verbal

La comunicación verbal es aquella en la que se utilizan las palabras, ya sean escritas u orales, para transmitir un mensaje. Por ello, el emisor debe cuidar ciertos aspectos que le ayudarán a que su mensaje sea transmitido de forma correcta, clara y entendible. Algunos de estos aspectos son:

- **El volumen o intensidad de la voz.** Nunca se hablará en voz demasiado alta, pues los sonidos estridentes pueden perturbar al cliente y provocarle sensaciones desagradables.
- **El tono y la entonación.** No es conveniente mantener el mismo tono en la conversación, cada momento requiere una entonación diferente.
- **La dicción, pronunciación y fluidez.** Para que el receptor perciba el mensaje correctamente es importante vocalizar correctamente, articular y acentuar bien los sonidos, evitando usar tics y coletillas (bueno, pues, etc.).
- **Velocidad en la pronunciación.** Una velocidad moderada ahorra repetición y evita falsas interpretaciones.
- **Tiempo de habla.** El tiempo de habla no ha de ser escaso ni descompensado, tanto para el cliente como para el profesional, debe ser equitativo. Es muy importante dejar al cliente que se exprese libremente. Esto ayudará a conocer sus necesidades.

- **El uso del lenguaje.** No es conveniente utilizar un lenguaje muy técnico ni muy coloquial; el profesional de la hostelería debe ser equilibrado en su vocabulario.
- **Saber escuchar.** Una escucha eficaz es un medio para establecer el clima de confianza entre el cliente y el profesional, donde ambos lleguen a un entendimiento.

 Nota

Hay que tener cuidado con la comunicación verbal y no verbal a la hora de dirigirse al cliente.

### *Comunicación no verbal*

La comunicación no verbal es aquella en la que el mensaje se transmite físicamente, mediante el cuerpo utilizando gestos y expresiones, que de igual manera emiten un mensaje perceptible por el receptor.

Los mensajes no verbales pueden cumplir varias funciones, como:

- Reemplazar las palabras.
- Enfatizar el mensaje verbal.
- Regular la conversación (con una mirada se puede regular el turno de palabras).

En hostelería la observación ayudará a conocer al cliente, para poder actuar en consecuencia. También se debe comunicar y expresar positivamente con gestos y posturas; estos se describen de la siguiente manera:

- **Expresión facial.** Es el principal sistema de señales para mostrar las emociones. Para el profesional siempre es conveniente conservar la sonrisa, pues demuestra acuerdo y entendimiento entre quienes la intercambian.

■ **Contacto ocular.** La mirada puede abrir o cerrar los canales comunicativos.

■ **Gestos y movimientos con el cuerpo.** De todas las partes del cuerpo, las manos son las que más amplían la expresividad del rostro y ayudan al entendimiento del mensaje. Además denotan también estados de ánimo.

■ **Postura corporal.** Refleja actitudes sobre uno mismo y su relación con los demás.

■ **Ejemplo:**

   ı Estar de pie cuando se recibe a una persona, indica buena disposición.

   ı Estar de perfil o de espaldas, rechazo.

   ı Mantener la verticalidad en la postura, ya sea sentada o de pie, indica seguridad y profesionalidad.

■ **Distancia/proximidad.** En una situación de comunicación se diferencian 4 zonas en el denominado "espacio personal", que son:

   ı **Íntima (0-45 cm):** zona de la familia y pareja.

   ı **Personal (45-120 cm):** personas más allegadas.

   ı **Social (120-365 cm):** compañeros.

   ı **Pública (más de 365 cm):** público desconocido.

Este espacio personal se considera como propio, y por tanto no debe ser invadido por ningún otro individuo.

## 7.6. Fases del proceso de atención al cliente en restauración

A lo largo de este apartado, se desarrollarán las distintas fases del proceso de atención al cliente en restauración, diferenciando entre la fase previa al servicio, durante el servicio y la fase posterior al servicio.

**La fase previa al servicio**

Antes de la llegada del cliente, el servicio debe estar planificado de antemano y preparado, evitando improvisar. La primera toma de contacto será tan importante como el resto del servicio. Se debe tener todo estudiado y preparado para evitar contratiempos.

**Durante el servicio**

Durante el desarrollo del servicio se diferencian cuatro fases fundamentales, siendo la primera de ellas la bienvenida o acogida del cliente, seguida de las fases destinadas a su asesoramiento, seguimiento y despedida, todas ellas imprescindibles para conseguir que todo cliente quede satisfecho, pudiendo ser reclamo para otros muchos e incluso convertirse en cliente asiduo.

### *La bienvenida*

Es uno de los momentos de mayor importancia, debiendo mantener una actitud positiva y cálida.

Se seguirán las normas de protocolo establecidas (recogida de abrigos, asignación de mesa y preguntas de cortesía).

En la bienvenida se pueden encontrar algunos fallos o malas actuaciones, como:

▪ Que nadie reciba al cliente.
▪ Recibir al cliente con mal humor.

 Consejo

Una buena bienvenida es clave y determinante para que el cliente se sienta a gusto durante su estancia.

### Asesoramiento, sugerencias y recomendaciones

El *maître* entrega la carta, exponiendo los aspectos positivos y ventajosos de los platos, con especial atención a los que más interese vender.

Conviene hacer partícipe al cliente en el diálogo, para conocer sus gustos. Posteriormente, el *maître* pasará a la toma de comanda.

Los fallos o malas actuaciones que se pueden dar en esta situación son:

- Que el profesional desconozca la oferta del local.
- Carta rota o manchada. También el mal cuidado de los enseres y utensilios del establecimiento se pueden considerar como una mala atención al cliente.
- Esperas excesivas.
- No repartir una carta para cada persona.
- Ocultarle al cliente algún tipo de información por creerla poco conveniente.

Cuando el cliente está muy cerca de decidir lo que va a demandar, el *maître* aprovecha para contribuir a que la elección se efectúe definitivamente, destacando los aspectos más positivos de la elaboración o utilizando ciertas expresiones que pretenden agradar al cliente como: "buena elección", "este plato no les va a defraudar", etc.

La atención al cliente en este período se completa con la petición del cliente, y el profesional le elogia por su elección.

Sin embargo, la atención al cliente no concluye con la elección del producto.

### Seguimiento

Es una etapa primordial, sin la cual la prestación del servicio se considera incompleta, dando muy mala impresión del establecimiento en general.

Comprende todo el proceso del servicio en sí mismo, es la fase más larga y donde el cliente se hará una idea del establecimiento, siendo el camarero en todo momento responsable de que el cliente se sienta atendido.

Los fallos o malas actuaciones que se pueden dar en esta situación son:

▌ Dilaciones (dudas). El profesional debe saber todo cuanto pueda preguntar el cliente. Es un punto en contra que un profesional de servicio no sepa los ingredientes de un plato o si hay existencias o no de alguna referencia.

▌ Servirle un plato que no había pedido.

▌ Que el camarero no sepa a quien corresponde cada plato, para ello se recordará que existe un plan de servicio impreso en la comanda y que designa a cada comensal un número de referencia para evitar este hecho.

▌ Mala temperatura de los productos. Que un plato esté frío o un vino esté demasiado frío, por ejemplo son cosas que hay que evitar.

▌ Ignorar al cliente. Aunque en el momento en que el cliente llama la atención del camarero, este no pueda atenderle, se dirigirá a el diciéndole que en un momento estará en su mesa para atenderle correctamente.

### Conclusión de la atención y despedida

Esta etapa se produce cuando el cliente pide la cuenta con intención de abandonar el local.

Se seguirán las normas establecidas en el establecimiento (entrega de abrigos, etc.) y el *maître* lo despedirá preguntándole sus impresiones y ayudándole a dar opiniones, tanto buenas como malas.

Los fallos o malas actuaciones que se dan en esta situación son:

▌ No desbarasar la mesa.

▌ Esperas justificadas o no, el cliente no se preguntará el porqué de la demora, simplemente retendrá la impresión de la tardanza.

■ Factura errónea, sucia, ilegible o poco definida, en un fallo muy común que denota un mal cuidado del servicio por parte del establecimiento.

■ Discutirle fuertemente si desea poner una reclamación. En el momento que un cliente pida una hoja de reclamaciones, es obvio preguntar por el problema que ha habido e intentar darle solución, sin embargo discutir es inútil, pues si el cliente pide una reclamación es porque está seguro de que ha existido un fallo grave.

■ Que no se entienda como constructiva cualquier crítica que pueda hacer y no se muestre intención de mejorar.

 Consejo

Para despedirse, se hará también de una manera muy correcta deseando un buen día y diciendo hasta luego en lugar de un adiós rotundo.

**Fase posterior al servicio**

Se realiza un estudio del servicio prestado una vez que ha concluido, momento fundamental para conseguir una buena calidad en el servicio, así como para identificar a la clientela y describirla.

En este momento se evalúan los posibles fallos cometidos, así como las buenas actuaciones, determinando si el cliente volverá o no. Y qué se puede hacer en futuras ocasiones similares.

## 7.7. La atención telefónica en hostelería

Independientemente del papel que juegue en el negocio, a través del teléfono y más concretamente, de un adecuado uso y gestión, se transmite multitud de valores del establecimiento (imagen, eficacia, compromiso, etc.).

Por tanto, en la comunicación vía telefónica se hace imprescindible la buena actitud del profesional que debe estar siempre dispuesto a atender al cliente manteniendo la cordialidad y un tono de simpatía, que es lo que se conoce como "sonrisa telefónica".

La diferencia de la atención telefónica con la atención cuerpo a cuerpo es que el profesional debe dominar las técnicas comunicativas orales, ya que el sentido de la vista desaparece y por tanto, la comunicación no verbal. Por ello, el cliente no puede visualizar los gestos de entendimiento de la persona que lo atiende, debe utilizar expresiones verbales tales como: "entiendo", "sí", "comprendo", "en efecto", "de acuerdo", etc.

Ejemplo de sonrisa telefónica; mantener una buena
actitud es imprescindible.

 Ejemplo

El *room-service* y la comida a domicilio o la recepción de reservas telefónicas.

Las **fases** en la atención telefónica son:

1. **Saludo inicial.** La mayoría de los establecimientos predeterminan una frase que sirva de saludo de la propia empresa.

   Ejemplo:

   ▪ Restaurante La Masía, dígame
   ▪ Restaurante La Masía, le atiende Paula, dígame
   ▪ Buenos días le atiende Paula, ¿qué desea?

2. **Identificar al cliente.** Especialmente si se tiene una base de datos, lo que contribuye a crear un clima de confianza, dirigiéndose por su nombre o apellido.

3. **Asesoramiento y sugerencias.** El profesional debe ayudarle en su decisión aportando sugerencias.

4. **Toma de pedido.** Se hará siempre respetando al cliente en sus decisiones y sus gustos.

5. **Confirmación de pedido.** Es primordial que el pedido sea del tipo que sea esté confirmado para evitar errores.

6. **Despedida.** Al despedir al cliente el profesional que ha recepcionado la llamada, lo hará quedándose siempre a su entera disposición para cualquier otra consulta o sugerencia.

La clientela por teléfono necesita:

▪ Que la escuchen y le presten la debida atención.
▪ Servicio fiable con los compromisos adquiridos.
▪ Recibir la información adecuada y necesaria.
▪ Que no le reenvíen la llamada a otros puntos sucesivamente y sin justificación.
▪ Que la persona que le aconseje esté informada del producto.
▪ Que no le hagan esperar.
▪ Que agradezcan su pedido.

Hay que evitar lo siguiente:

- Hacer comentarios hasta que la comunicación esté efectivamente terminada y cortada.
- No prestarle la debida atención al interlocutor.
- No tomar breves notas de lo que se dice, pues todos los detalles son importantes.
- Esperas prolongadas.

 **Aplicación práctica**

**Explique cómo atendería una llamada del servicio de habitaciones en la que un cliente pretende hacer un pedido de desayuno.**

**SOLUCIÓN**

En primer lugar, teniendo en cuenta las prescripciones del establecimiento se haría lo siguiente:

- Servicio de habitaciones. "Buenos días, mi nombre es Paula, ¿en qué puedo atenderle?"
- Si el cliente es conocido me dirijo a él por su apellido, ya que en el momento de mirar el número de habitación en cuestión me aparecerá el nombre del cliente.
- Espero a que el cliente me comunique su pedido, dudas o alguna otra sugerencia que pueda aportar, siempre anotando pequeños detalles además del número de habitación, nombre del cliente, hora del servicio etc., y por supuesto su pedido.
- Por último, me despediré de él quedando siempre a su entera disposición para cualquier otra cuestión que pueda presentarse.

Todo ello se hará siempre desde un tono cordial y amable y con una predisposición positiva.

## 8. Aplicación de modalidades sencillas de facturación y cobro

La finalidad de todos los establecimientos es llegar a una compensación económica al final del ejercicio financiero.

Pero para que esto pueda suceder el departamento de facturación de un establecimiento de restauración debe tener en cuenta muchos factores que finalmente contribuirán a su solvencia financiera y como consecuencia a la finalidad buscada, que es ganar dinero.

Para ello, los establecimientos disponen de infinitas formas de llevar la contabilidad al día, que se encuentran a disposición de los gerentes y que son consonantes de las legislaciones vigentes.

En este capítulo, se va a estudiar de una forma sencilla los diferentes documentos utilizados en los departamentos de facturación y las pautas a seguir para poder llevar a cabo este trabajo de una forma correcta y satisfactoria.

## 8.1. Facturación

La factura es el documento justificativo a afectos legales de una compraventa de un producto o de la adquisición de algún tipo de servicio, a su vez este documento es entregado al cliente para que le sirva como justificante del pago de dicho producto o servicio prestado por parte del establecimiento.

No debe confundirse con el ticket, que carece de validez fiscal.

Los conceptos mínimos que deben aparecer en la factura son:

- Datos del establecimiento (Razón social, CIF, etc.).
- Número de factura.
- Datos del cliente (nombre, apellidos, DNI, dirección, n.º pax, n.º de mesa, fecha, etc.).
- Descripción de los servicios consumidos, especificando la cantidad y el precio unitario de cada uno de ellos.
- Subtotal.
- IVA.
- Total factura.
- Sello del establecimiento.
- Firma del responsable.

 Definición

**IVA**

Las siglas IVA significan Impuesto de Valor Añadido y son un tributo que se debe pagar por casi todos los productos o servicios que se consumen.

En la hostelería, como en casi todos los sectores, la factura determina el precio por los servicios prestados, así como por la venta de los productos que aparecen en la oferta gastronómica. Todos los establecimientos en restauración están obligados a emitirlas para justificar los servicios prestados o la venta de sus productos.

Las facturas que más se utilizan en hostelería son:

■ **Proforma:** este tipo de factura no tiene validez a efectos contables ni fiscales, pues se trata de un presupuesto que expide el emisor del producto o el servicio que el cliente desea contratar, con los mismos datos que debería llevar la factura final en caso de que finalmente se adquiera este producto o servicio. Es un sistema muy utilizado en banquetes, grandes celebraciones y menús concertados. Ejemplo: cuando el cliente pretende celebrar un evento en el restaurante, o contratar un servicio de catering, pide a la empresa que presta el servicio un presupuesto donde se podrá comprobar lo que costará la celebración en caso de que finalmente se realice.

■ **Completa:** este modelo es, como su nombre indica, el más completo que existe a la hora de efectuar una factura. En él aparecen absolutamente todos los datos y requisitos que debe tener una factura, tanto del emisor como del receptor, así como el precio del servicio y el IVA aplicado. Como norma general, el cliente suele pedir esta factura cuando se trata de grandes celebraciones o banquetes sobre todo cuando esta factura va a ser pagada por otra empresa y no por un particular.

■ **Simplificada:** una factura no siempre debe ser completa, en ocasiones puede ocurrir que por los motivos que sean, se omitan ciertos datos que no son imprescindibles.

En esta factura se puede obviar la identificación del destinatario pero los datos de la empresa que presta el servicio, deben estar al completo.

■ **Documentos sustitutivos de las facturas (vales o tiques).** No son facturas propiamente dichas pero en ocasiones pueden ser válidos a efectos contables. Se emiten siempre y cuando: el receptor sea una persona particular, nunca otra empresa o profesional; la cantidad total no exceda los 3000 €; en hostelería, se realizan cuando se produce una venta de comida o bebida para su consumo en el acto sobre todo en bares, heladerías, chocolaterías, etc.

Este tique debe contener los siguientes datos:

■ Número y serie, siempre correlativos.
■ NIF del vendedor, nombre y apellidos o Razón social completa del obligado a su expedición.
■ Tipo impositivo aplicado o la expresión «IVA incluido».
■ Contraprestación total.

 Nota

En ocasiones las facturas pueden ser sustituidas por talonarios de vales numerados, o por tiques de máquinas registradoras.

## 8.2. Sistemas de cobro

El cobro es la operación mediante la cual el cliente abona el importe exigido por la entidad que presta el servicio como consecuencia de la actividad realizada.

Existen dos formas básicas de saldar el importe de la factura, al contado y con crédito.

## Contado

En el cobro al contado el cliente hace efectivo el pago de la factura en metálico, divisas, tarjeta de débito o crédito (algunos consideran esta forma como de crédito), o cualquier otro medio de pago aceptado por el establecimiento.

Para que el cliente pueda justificar este pago se le entrega el original de la factura.

*El pago al contado es el pago directo.*

## Crédito

El cliente no abona la factura, simplemente la firma, debido a que:

- Tiene crédito personal (particular o empresa) en el establecimiento. Esto sucede cuando el cliente es habitual y ofrece al establecimiento el cargo del importe de la factura directamente a cuenta, sin necesidad de hacer ninguna tramitación adicional más.
- Posee un bono de alguna agencia, que cubre el pago de la factura.
- Está alojado en el hotel y tiene crédito en la habitación. Este caso se da en ocasiones cuando el cliente está un largo tiempo hospedado en un hotel.

En estos casos, no se le entrega el original al cliente puesto que servirá como justificante para el cobro por parte de la entidad que presta los servicios.

## 8.3. Control de las ventas en establecimientos de restauración

Las ventas o ingresos son las cantidades que recibe una empresa como compensación de los pagos realizados por los clientes al adquirir sus bienes y servicios.

Para ello se debe tener en cuenta que el ingreso es la cantidad que se fija cuando se presta el servicio, sin embargo el ingreso no se hace efectivo hasta que se realiza el pago, es decir, la venta se ha producido, pero el ingreso no será tal, hasta que se haya efectuado el pago por parte del cliente.

 Nota

El fin de todo ejercicio financiero es obtener unos beneficios.

### Tipos de ingresos

Los tipos de ingresos pueden ser típicos o atípicos.

#### *Típicos*

Son los obtenidos por la actividad propia de la empresa, es decir, en un restaurante de comidas y bebidas.

Una venta típica hace referencia a todas aquellas que estén relacionadas con el servicio de comidas y bebidas en el local.

#### *Atípicos*

Cuyo origen no está relacionado con la actividad directa. En el caso de la hostelería hace referencia a los productos que se pueden encontrar en el local y que no son explícitamente comida o bebida.

 Ejemplo

Se considera venta típica de un restaurante el importe exigido por el servicio de un menú o una cerveza, en cambio, si se refiere al importe que se exige a un cliente por usar el teléfono del restaurante o comprar tabaco dentro del local, se está hablando de una venta atípica.

**Documentos utilizados en el control de las ventas**

En hostelería como en cualquier otro campo de venta al público se utilizan una serie de documentos para llevar a cabo el control de las ventas que suceden en el establecimiento.

Sin estos documentos, un establecimiento no tendría la posibilidad de saber el estado de sus finanzas y se haría prácticamente imposible llevar a cabo un servicio correcto y acorde con la legislación vigente en cuanto a gastos e ingresos.

Para ello, hay que diferenciar entre liquidaciones, caja del día, diario de producción e informe de ventas.

### *Liquidaciones*

Son muy frecuentes en establecimientos hosteleros. Es una recopilación de todos los servicios prestados, facturados y cobrados por un departamento al final del día.

Se entrega a la persona responsable de la facturación del hotel, junto con la caja del día.

Las liquidaciones reflejan los cobros que se han hecho efectivos en el día, aportando el dinero contante que debería existir en cuenta o en la caja.

### *Caja del día*

Es un resumen de lo cobrado y lo pagado por el cajero al final del día.

La diferencia entre lo cobrado y lo pagado es el "Total de caja". Como norma general en un establecimiento de restauración los pagos no se hacen directamente de la caja, sino que se realizan desde el departamento de facturación. Por lo que el **arqueo de la caja** es un factor más a tener en cuenta para realizar la facturación.

Para llevar a cabo una contabilidad exacta de lo cobrado y lo pagado al final del día, el encargado de la gestión de la caja del día debe tener en cuenta si al comenzar el ejercicio había algún importe destinado a realizar algún pago directo o si se ha hecho con el dinero que se va introduciendo en la caja.

Para hacerlo de una forma correcta, este método debe hacerse de una manera muy escrupulosa ya que hay que dejar constancia escrita de todos los importes que salen o entran en la caja, de otra manera existe el riesgo de que los datos aportados por la caja al final del día no cuadren en cuanto a cobros y pagos.

Por eso lo más conveniente, para evitar errores, es que en la caja solo entren los cobros y los pagos, que se realizarán desde un apartado dedicado explícitamente a los pagos.

 Definición

**Arqueo de Caja**
Es el desglose del dinero en billetes, monedas, etc., y se usa para que el cajero especifique como entrega a la administración del establecimiento todo lo cobrado durante el día.

### *Diario de producción*

Al terminar el día, el encargado de realizar la facturación y el cierre de la caja imprime un informe donde se refleja la producción durante el día en sus distintos conceptos (cocina, bar, bodega, etc., dependiendo del establecimiento).

Aparecen además el número de cubiertos, el precio medio y el índice de frecuentación (cubiertos vendidos/cubiertos posibles x 100).

La producción contabilizada ayuda a la baremación entre lo que se ha producido y lo que finalmente se ha vendido.

### *Informe de ventas*

Es la relación de los distintos productos ofertados, de las unidades vendidas de cada uno, del importe unitario y del % sobre la Cifra de Negocios tanto del día como acumulado.

Este hecho ayuda aún más a llevar un control más exacto sobre las ventas en relación con los cobros y la valoración de posibles pérdidas que se puedan dar durante el ejercicio.

## 8.4. Los costes en establecimientos de restauración

No debe confundirse con el "Gasto", que nace en el momento de adquirir los bienes y servicios que se van a invertir en la empresa; mientras que el **"Coste"** nace cuando se van a consumir esos bienes o servicios.

## Definición

**Coste**
Es el consumo valorando en dinero de los bienes y servicios invertidos en la empresa para alcanzar el objetivo propuesto.

### Clasificación de los costes

Por su asignación a un departamento o a un producto/servicio los costes se pueden clasificar en:

- **Costes asignables o directos:** son los que guardan relación directa con el departamento o producto que los ha ocasionado, es decir, en un establecimiento de restauración son todos aquellos costes derivados de un departamento concreto y que no los hay en otro departamento.
  Ejemplo: el coste que se origina en el departamento de cocina, como consecuencia del consumo de gas y que no es aplicable al departamento de economato, ya que este no consume gas por lo que no origina ningún tipo de coste relacionado con este gasto.
- **Costes no asignables o indirectos:** son los costes comunes a dos o más productos o departamentos y que no son susceptibles de dividir.
  Ejemplo: el coste que se origina del consumo de electricidad es común a todos los departamentos, por lo que se tiene que repartir a la hora de contabilizarlo.

En función de su variación según el nivel de actividad de la empresa, los costes se pueden clasificar en:

- **Costes fijos o de estructura:** como el alquiler del local.
- **Costes variables:** varían con la producción, pudiendo ser proporcionales, regresivos o progresivos.
- **Costes semifijos o semivariables:** con una aparte fija y otra variable (teléfono, gas, etc).

**Los costes en un establecimiento**

En un establecimiento de hostelería, los costes que se originan del servicio se pueden clasificar dependiendo de su propia naturaleza.

*Costes de materia prima o food cost*

Los costes en materia prima son todos aquellos que hacen referencia solo y exclusivamente a los productos necesarios para elaborar la comida que aparecen en la carta, en el menú o en cualquier otra oferta gastronómica dependiendo del sistema de restauración.

En este apartado, en contabilidad, también se incluyen los costes de la bebida que se ofrece, asimismo en la oferta gastronómica del local y que van a consumir de manera exclusiva los clientes.

Por ello, se excluye de este coste, a efectos contables, la comida y la bebida que va a consumir el personal del establecimiento. Esto se hace así porque los costes de materia prima se pretenden convertir en un ingreso, mientras que los gastos de la comida de personal no son más que un mero gasto que se produce durante el ejercicio.

*Costes de personal*

Todo lo que la empresa debe abonar como consecuencia de los contratos laborales con sus trabajadores, ya sean por el abono de la nómina a cada trabajador o por los gastos administrativos que conllevan.

*Costes generales*

Son el resto de costes de la empresa, ya sean directos o indirectos, fijos o variables, que se originan del ejercicio sin contar los gastos de personal y los de materias primas. Estos gastos son:

- Alquileres.
- Tributos (impuestos y tasas).
- Seguros (los contratados para la empresa, no los de los trabajadores).

■ Costes de *marketing.*

■ De administración (material de oficina, alquileres).

■ Amortizaciones.

■ Energías.

■ Mantenimiento y reparaciones.

■ Material de limpieza.

■ Teléfono-fax.

■ Comisiones a empresas de las tarjetas de crédito.

■ Limpieza de la lencería.

 Definición

**La amortización**
Es la depreciación del valor asignado a los activos físicos que posee la empresa. Es decir, cada activo tiene un precio inicial que va disminuyendo con el tiempo y como consecuencia del uso que se les ha dado.

## 8.5. Evaluación de los resultados obtenidos

Para que el establecimiento sea solvente financieramente hablando, se deben tener en cuenta que la evaluación de los resultados obtenidos se haya hecho de la manera más correcta posible.

Se diferencia entre las evaluaciones que se pueden realizar dependiendo del período de tiempo que abarque, ya sea un solo día o servicio o un mes completo o incluso un año. Para ello, se dispone de la cuenta de explotación y del cierre de caja.

Este último será el que más concierne, ya que estarán obligados a realizarlo en alguna ocasión dentro del puesto de trabajo.

### La cuenta de explotación

Es el resumen detallado y ordenado de las cifras de ingresos y costes de una empresa para un período determinado. Normalmente, se encarga de realizarlo el departamento de facturación.

Se divide en dos conceptos básicos, ingresos y costes, e incluirá además de las cifras en dinero, el porcentaje que representan sobre las ventas.

Para realizar la cuenta de explotación de un establecimiento de la forma más correcta es indispensable conocer ciertas fórmulas muy recurridas en contabilidad, que ayudarán a interpretar y resolver las cuestiones financieras de la empresa. Estos términos son:

- El **beneficio neto** de un establecimiento, es el beneficio bruto menos los costes de personal y los costes generales. Son las ganancias limpias que se originan de un ejercicio.
- El **beneficio bruto** o margen bruto de explotación, es la diferencia entre las ventas y los costes de materia prima.
- El **coste de fabricación,** es la suma de los costes de materia prima ya sean de comida como de bebida y a la que se incluye también los costes de la comida del personal.

### El cierre de la caja

El cierre de la caja se hace habitualmente al final del día, aunque en ocasiones es probable que se realice al final del servicio cuando se ha acumulado demasiado efectivo en la caja.

Para realizar el cierre de la caja el encargado debe contabilizar el dinero que hay en la caja. Para ello, utilizará un documento de "arqueo de caja". Este documento, como se estudió anteriormente, debe incluir un desglose completo del dinero contante que hay en la caja, especificando el tipo de billetes y monedas y la cantidad que hay de cada uno.

Además, debe aparecer la fecha de emisión del arqueo, el departamento del que se hace la contabilidad, el nombre de la persona que realiza el cierre de la caja, y la persona que se encarga de verificar el documento desde el departamento de facturación.

En este documento se debe incluir también todos los pagos que se hayan realizado desde la caja como tiques o vales, incluyendo también el cambio que se haya introducido al principio del servicio y aquel que se tenga.

*Caja registradora*

A continuación se muestra un modelo de arqueo de caja.

| ARQUEO DE CAJA | | |
|---|---|---|
| CAFETERÍA - RESTAURANTE | | |
| Fecha de servicio:<br>Persona encargada: | | |
| Tipo de billete o moneda | Cantidad | Total |
| 100 € | | |
| 50 € | | |
| ... | | |
| 1€ | | |
| ... | | |
| Total efectivo | | |
| Vales | | |
| Cambio | | |
| Tiques pagados | | |
| **Total facturado** | | |
| Firma de la persona encargada | | Firma de la persona responsable |

Finalmente, cuando el recuento está terminado se entrega en facturación para que la persona responsable realice un informe de incidencias si las hubiera, y el cierre del ejercicio.

Aplicación práctica

Suponiendo que usted es Pablo Martínez, encargado del establecimiento y que en la caja hay 5 billetes de 100 €, 6 de 50 € y 23 monedas de 1 € y que se han pagado tres tiques: uno de 100, uno de 90 y otro de 50 €. Teniendo en cuenta que al principio del ejercicio había en la caja 50 € en monedas de 2 y 1€. Explique cómo realizaría el cierre de la caja al final del día.

## SOLUCIÓN

En primer lugar me aseguro de que todas las mesas y las comandas están cerradas y cobradas para que después no haya lugar a errores.

Una vez me he cerciorado de que todos los vales o tiques de compra están presentes, relleno la hoja de arqueo de caja de la siguiente manera:

**ARQUEO DE CAJA**

**CAFETERÍA - RESTAURANTE**

Fecha de servicio: XX/XX/XXXX
Persona encargada: Pablo Martínez

| Tipo de billete o moneda | Cantidad | Total |
|---|---|---|
| 100 € | 5 | 500 |
| 50 € | 6 | 300 |
| ... | | |
| 1 € | 23 | 23 |
| ... | | |
| | Total efectivo | 823 |
| | Vales | 0 |
| | Cambio | 50 |
| | Tiques pagados | 240 |
| | **Total facturado** | 533 |

| | |
|---|---|
| Firma de la persona encargada Pablo Martínez | Firma de la persona responsable. Jefe facturación |

Continúa en página siguiente >>

<< Viene de página anterior

Por último se entrega esta hoja al jefe de facturación para que la tenga en cuenta para la contabilidad del establecimiento.

---

## 9. Resumen

Ofrecer un servicio de alimentos y bebidas requiere de formación específica basada tanto en las técnicas de servicio como en los procesos de atención al cliente, conociendo desde los diferentes tipos de servicio según la fórmula de restauración gastronómica elegida hasta la aplicación de modalidades de facturación y cobro sencillas.

No todos los servicios tienen las mismas necesidades, siendo peculiares los ofrecidos en las habitaciones, los servicios de bufé o los dirigidos a colectividades, siendo imprescindible en este último caso conocer los tipos de montajes más característicos (mesas imperiales, en U, en T, etc.).

Ofrecer un servicio requiere de la formulación de un pedido, siendo para ello necesario conocer las técnicas y reglas básicas, así como diferenciar los tipos de comandas existentes, adaptándose a las posibles necesidades y exigencias de un servicio, como puede ser la incorporación de un nuevo comensal o el cambio de plato a degustar (comandas tipo *suite* y *retour).*

Cada cliente puede requerir una atención determinada, siendo fundamental reconocer sus actitudes y necesidades. Por ello, es muy importante reconocer al tipo de cliente, permitiéndonos adelantarnos a posibles sugerencias o incidencias propias de un servicio.

Todo servicio se cierra con la despedida del cliente, pero no sin antes facturar o cobrar el servicio prestado, para ello existen diferentes modalidades de cobro en función del formato en que este se realice, así como los distintos tipos de ingresos que puede recibir un establecimiento de restauración dependiendo de su naturaleza, siendo importante recordar que todo restaurante, además de hacer frente a los cobros e ingresos debe hacer frente a sus gastos.

Ejercicios de repaso y autoevaluación

### 1. El servicio en gueridón se caracteriza por...

a. ... los platos salen de la cocina totalmente terminados.

b. ... el camarero presenta los alimentos por la izquierda y es el propio comensal el que se sirve directamente en su plato, con la comida se presentan también los cubiertos para tal fin.

c. ... el camarero presenta primeramente la fuente o el plato con los alimentos, que ya vienen preparados de la cocina, entonces se retira al gueridón para porcionar la comida y repartirla entre los comensales.

d. ... el camarero presenta los alimentos por la izquierda al comensal en una fuente, y utilizando los cubiertos apropiados le sirve directamente en su plato.

### 2. La restauración cautiva consiste en...

a. ... los servicios gastronómicos en los que el cliente está, en cierta manera, obligado a consumir.

b. ... una serie de menús especiales preconcertados dirigidos a grandes celebraciones como bodas u otros eventos importantes, así como comidas de empresas o reuniones.

c. ... un servicio del hotel en el que el cliente puede pedir comida o bebida para ser consumida en la propia habitación.

d. ... un tipo de restauración en el que la empresa en cuestión prepara la comida en su centro de elaboración y gestiona el servicio en otro lugar que el cliente elija.

### 3. En el servicio del vino:

a. El blanco seco precede a los demás vinos.

b. El tinto precede al vino dulce o licoroso.

c. El más ligero ha de preceder al más generoso.

d. Todas las opciones son correctas.

### 4. ¿Cuáles son las normas básicas para servir una habitación?

a. Comprobar el número de la habitación para no dar lugar a error.

b. Ser puntual en el servicio.

c. No entrar nunca en la habitación sin permiso del cliente. Siempre se llama a la puerta aunque se crea que no hay nadie en la habitación.

d. Todas las opciones son correctas.

### 5. ¿Cuándo se debe recoger un servicio de habitaciones?

a. Se esperará dentro de la habitación hasta que el cliente haya terminado.

b. Se esperará en la puerta de la habitación hasta que el cliente haya terminado.

c. Se le deja la indicación de que avise cuando quiere que se le recoja o simplemente se espera a que se realice la limpieza de la habitación.

d. Se llama por teléfono y se pregunta al poco tiempo de dejar el servicio.

### 6. En función de su naturaleza existen tres tipos de bufé, ¿cuáles son?

a. ... el bufé frío, caliente o mixto.

b. ... desayuno, almuerzo y cena.

c. ... desayuno frío, desayuno caliente y cena.

d. ... almuerzo caliente, cena caliente y desayuno caliente.

### 7. La comanda que se realiza para cambiar un plato se llama...

a. ... *retour.*

b. ... sigue.

c. ... copia 1.

d. Las opciones a y b son correctas.

### 8. Una vez que una comanda se ha cerrado y aparece un comensal nuevo para la misma mesa...

a. ... se hará una comanda nueva.

b. ... se hará un "retour".

c. ... se hará un "sigue".

d. ... solo se indica en facturación lo que ha pedido ese cliente.

**9. ¿Qué es la empatía?**

    a. La capacidad de ponerse en lugar del comensal, adivinando en cierta medida sus gustos y preferencias.

    b. La capacidad de "hacer buenas migas" con el cliente.

    c. La capacidad de llevar a cabo una discusión calmada con el cliente.

    d. La capacidad de solventar cualquier problema que pueda surgirle al cliente.

**10. Para realizar un cierre de caja se utilizará...**

    a. ... la hoja de liquidación.

    b. ... la hoja de arqueo de caja.

    c. ... las facturas de todo el día.

    d. ... la cuenta de explotación.

# Capítulo 2

# Realización de tareas posteriores al servicio en el área de consumo de alimentos y bebidas

# Contenido

## 1. Introducción

El postservicio es uno de los pilares fundamentales del ejercicio de restauración, pues se trata de la preparación después del servicio de todo el establecimiento para que esté listo para el siguiente.

Es mediante una serie de tareas a realizar lo que finalmente va a dar una buena o mala impresión del establecimiento al cliente, definiendo la forma de ser de los profesionales de sala. Recuerde que un restaurante no es solo su comida, sino que, intervienen infinidad de factores que finalmente van a determinar que un cliente vuelva o no.

Esta serie de tareas son las que se realizan al terminar un servicio. Se trata de operaciones de limpieza, recogida, reestructuración del mobiliario; todo ello con el fin de que cuando el cliente entre en el establecimiento la única sensación que se lleve sea de bienestar.

El postservicio será la base de una buena *mise en place* y ambos en conjunto serán el determinante final de un correcto servicio al cliente, requiriendo de una correcta ejecución, como factor determinante, por lo que se finalizará detallando la secuenciación de las tareas a realizar y la forma más correcta de hacerlos aplicando los conocimientos necesarios para ello.

## 2. Tipos y modalidades de postservicio

Se puede definir el postservicio, como el conjunto de prácticas y acciones que se realizan en un restaurante después de haber atendido al cliente. En este sentido, se puede decir que el preservicio o **mise en place** y el postservicio van cogidos de la mano, llegando a confundirse en cierta manera, pues ambos términos hacen referencia al mismo objetivo: dejar el salón listo para el siguiente servicio.

 Definición

*Mise en place*
Conjunto de acciones previas a un servicio para que todo esté en orden y en perfectas
condiciones de uso.

En cualquier caso, las tareas a realizar se pueden agrupar en función del tipo de servicio o de una modalidad en particular.

Para poder definir las diferentes modalidades de postservicio, se ha de atender primero a los diferentes tipos de servicio que se conocerán, pues para cada uno de ellos existe una serie de tareas de recogida, limpieza, que será común a todos los tipos de postservicio y preparación del área de consumo de alimentos y bebidas.

De esta manera se puede clasificar los tipos de postservicio en:

- **Postservicio en mesa.** Es el que se realiza después de un servicio tradicional en mesa. En este caso entran a formar parte la retirada de platos, copas, cubiertos y mantelería. En un restaurante tradicional es posible que el postservicio se vea fraccionado por el remontaje de mesas por lo que en ocasiones se hará a la vista del resto de comensales del establecimiento. Es por esto, que debe hacerse con mucho cuidado y atendiendo a pequeños detalles a la hora del desbarasado (retirada de los elementos que hay en la mesa).
- **Postservicio bufé.** Es más sencillo que el postservicio en mesa. En este caso hasta que los clientes no desalojen el local no se debe comenzar el desbarasado, por lo que se hace más llevadero. No obstante, la reposición de platos es continua.
- **Postservicio de autoservicio.** La recogida de los útiles y enseres utilizados en un autoservicio se deben ir retirando durante el servicio, excepto la comida de los mostradores que se devuelve a la cocina al final del servicio.

- **Postservicio en barra.** En este caso, el postservicio es continuo, ya que los clientes llegan y se van de manera continua. Solo al final del día es cuando se debe realizar una recogida y limpieza a fondo de la barra y los útiles que se hayan precisado.
- **Postservicio de banquetes.** Al igual que en un postservicio de bufé, la retirada al completo del material utilizado se hace al final del servicio cuando ya no quedan clientes, no obstante el desbarasado, se realiza durante todo el servicio acorde con la consecución de los platos del menú.
- **Postservicio de habitaciones.** Una vez el cliente ha dado la orden se procede a la retirada de los elementos utilizados durante el servicio de habitaciones, para devolverlo a su lugar de origen, donde será limpiado y puesto a punto para otro servicio.

 Consejo

Cuando se retira el menaje de una mesa a la vista de un cliente, se ha de tener en cuenta:

I No coger las copas en la mano, utilizar siempre bandeja.
I No dejar platos usados en el salón en el gueridón u otra mesa.
I No dejar una mesa completamente desnuda o con el muletón.
I No dar paso al cliente hasta que su mesa esté lista.

De igual manera, para todas las modalidades de servicio se debe hacer una diferenciación que hace referencia al momento en que se realiza y con vistas al siguiente servicio. Se trata en este caso de distinguir entre las tareas a realizar que se deben llevar a cabo después de un servicio determinado y teniendo en cuenta la proximidad del siguiente.

Para ello se diferencia entre:

■ **El postservicio de cierre.** Es el postservicio que se realiza al final del día y que no tiene como objetivo dar más turnos de comidas durante ese ejercicio. Por ello, en este caso se realiza una limpieza a fondo del local para que esté listo para el día siguiente. En este caso, se tendrán en cuenta también la realización del arqueo de caja por parte de la persona encargada y la comprobación de otros aspectos como el apagado de luces rellenado de cámaras y botelleros, recuento de botellas en la bodega, realización de pedidos, etc.

■ **El postservicio de turno partido.** En este caso, el servicio se prepara después de un desayuno o comida para el siguiente turno de comida. Ya sea dentro de la misma franja horaria o para un servicio posterior, es decir, en ocasiones un mismo desayuno, almuerzo o cena tiene varios turnos de comida, por ejemplo en colegios, residencias donde el número de comensales es elevado, o en restaurantes con una gran demanda de comensales donde se reponen mesas.

El otro caso es que después un servicio se prepare el local para el siguiente turno, es decir, después del desayuno, se prepara el local para el turno de almuerzo y después de este para el turno de cenas.

## 2.1. Generalidades del postservicio

Como se ha explicado anteriormente, cada servicio tiene sus propias tareas de recogida y limpieza a realizar por el personal de sala.

Estas tareas son el indicativo del buen funcionamiento del restaurante pues la apariencia física del local es uno de los requisitos indispensables para que un establecimiento de hostelería conserve su clientela.

### El mantenimiento del local

Dentro de esta apariencia física se ha de destacar que, no es solo la limpieza lo que va a determinar el buen aspecto. Es imprescindible tener cuidado con el mobiliario y en general que el estado del establecimiento se encuentre en buenas condiciones.

**Importante**

Es importante que exista en el establecimiento una persona encargada del mantenimiento del local.

Esto último no depende del propio personal de servicio, aunque sí será su obligación dar parte de los desperfectos que pudieran existir a la persona encargada del mantenimiento del local. Muchos de estos desperfectos es posible que no se distingan a simple vista y en muchas ocasiones pasan desapercibidos para las personas que trabajan en el local. Sin embargo, un cliente que llega por primera vez al establecimiento es lo que más le llama la atención.

Algunos de estos desperfectos son:

- Luces y lámparas fundidas.
- Manchas en las paredes.
- Mobiliario desconchado o roto.
- Sillas o mesas inestables.
- Cortinas rotas.
- Servilletas y manteles descosidos.

Por todo ello, el personal de servicio deberá estar siempre en alerta de estos pequeños detalles que son decisivos para conseguir la fidelización de los clientes.

 **Recuerde**

El objetivo principal de un establecimiento de restauración es conseguir la fidelización de los clientes, es decir, que quieran volver a visitarlo.

## La limpieza

Dentro de este apartado como su nombre indica, se incluirán todos aquellos aspectos que tienen que ver con la limpieza e higienización del local. Pues no basta con que un restaurante u hotel parezca limpio, además debe ser totalmente seguro en cuanto a la higiene. Se ha de diferenciar entre las distintas áreas que son propias del personal de servicio.

### *El salón*

Este área es donde los clientes van a estar más tiempo durante su estancia, por ello hay que ser muy cuidadoso. El personal de servicio debe estar muy concienciado de que cuando una persona pasa cierto tiempo en un lugar se acostumbra al ambiente y en un momento dado deja de parecerle extraño, es decir, cuando se llega a un lugar siempre se perciben olores a los que pasado un tiempo se acostumbra.

Lo mismo ocurre con la temperatura y la humedad, siempre que el cliente entra al establecimiento trae de la calle una temperatura distinta y hasta que se aclimata puede pasar un buen rato. Sin embargo, es importante que el personal tenga en cuenta que el cliente está sentado, por lo que su temperatura corporal desciende, mientras que el profesional está en continuo movimiento, por lo que deberá pasar algo de calor.

 Sabía que...

Después de comer, la temperatura corporal desciende unas décimas, ya que gran parte de la sangre se desvía al tracto digestivo para que pueda realizar bien la digestión y por eso a veces se tiene más frío.

El profesional de la sala debe intentar que esto no se convierta en un problema para el cliente, aireando el salón después de cada servicio, usando ambientadores y teniendo mucho cuidado con el aire acondicionado y la calefacción.

Por otro lado, la limpieza se debe hacer cada día y después de cada servicio. En cuanto a los suelos, deben estar listos (limpios y secos) para cuando llegue el cliente, además el mobiliario debe estar libre de polvo. Un fallo muy importante es olvidarse de limpiar las plantas, que amenudo acumulan volvo y dan muy mal aspecto.

La lencería, es decir, todo el textil del establecimiento (manteles, servilletas, etc.), también es un elemento a tener en cuenta a la hora de la limpieza, pues hay que desvestir las mesas que tengan los manteles sucios para llevarlos a limpiar a la lavandería.

 **Nota**

En este aspecto hay que tener cuidado con las manchas que no se ven a simple vista y que aparecen cuando el local cambia su intensidad lumínica.

Por lo demás, el profesional debe estar pendiente de cualquier detalle que en un momento dado pueda dejar en evidencia la pulcritud del restaurante o el hotel ante un cliente.

 **Consejo**

 Un consejo muy útil es limpiar las plantas con espuma de cerveza, ya que recobran su brillo natural.

### *Los baños*

La limpieza del baño es otro de los pilares fundamentales del postservicio, pues es un punto importante a tener en cuenta si se pretende que el cliente se sienta como en su propia casa.

El baño es un lugar muy concurrido y por las especiales características del servicio que presta debe estar más limpio e higieneizado que ningún otro lugar de acceso para los clientes.

 Definición

**Higienización**
Es el conjunto de conocimientos y técnicas que se deben aplicar para el control de los factores que pueden ejercer efectos nocivos para la salud.

En algunas ocasiones, las tareas de limpieza del baño no las realiza el personal de servicio, sino el de limpieza, lo que no quiere decir que en un momento dado tenga que realizar esta tarea o al menos que sepa como ha de efectuarse.

En primer lugar, hay que asegurarse de que todo está libre de papeles usados y otros elementos no deseables. Después limpiar todo con los productos recomendados y acordes con la legislación vigente. Recuerde que actualmente se ha desaconsejado el uso de la lejía y han aparecido ciertos productos que la sustituyen actuando de igual manera contra bacterias y gérmenes sin ser tan nocivos para el medio.

 Consejo

---

Para lograr una correcta limpieza del baño e higiénicamente segura, es recomendable destinar siempre los mismos elementos de limpieza como paños o bayetas, al uso exclusivo de los baños.

---

Por último, es importante que esté bien ventilado y perfumado, y que no solo se tenga en cuenta todo esto en el postservicio sino también, durante todo el servicio.

### La barra

Es un elemento muy importante también a la hora del servicio, y por ello debe estar al igual que el resto de las instalaciones perfectamente limpias y listas para su uso. Durante el postservicio se generan gran cantidad de vasos y suciedad que como norma general se limpian en el *office,* aunque después se repasan en barra para que queden relucientes.

*Las copas limpias y brillantes dicen mucho del local y sobre todo del personal.*

Sin embargo, en restaurantes pequeños es la barra la que desempeña este papel convirtiéndose en el centro neurálgico de la limpieza de las copas, vasos, tazas y otros utensilios como los ceniceros, donde hay que dejarlos listos para el siguiente servicio. Es por esto que debe ser un lugar limpio y sobre todo despejado.

Habitualmente, suele suceder que detrás de la barra se acumulen cosas que en realidad no tienen utilidad, por ello, el personal encargado debe estar muy atento a este tipo de detalles.

Los botelleros también se limpiarán a diario antes de reponer la bebida consumida durante el servicio, intentando sacar las botellas que más tiempo lleven en la cámara.

Por lo demás, la limpieza de la barra se realizará de manera diaria vaciando la basura después de cada servicio y limpiando suelos y superficies, prestando especial atención a la limpieza de la cafetera, que se debe limpiar solo al final del día, manteniéndola durante el servicio. Hay que tener en cuenta también que el café cambia su sabor cuando no se utilizan los productos de limpieza adecuados, llegando a ser desagradable.

 **Nota**

Una carta sucia, rota o simplemente descuidada denota dejadez, por lo que su mantenimiento debe ser incluido entre los procesos a llevar a cabo como parte del postservicio.

## Colocación y restructuración del mobiliario del local

Después del servicio, el mobiliario del local queda descolocado por lo que hay que reubicar cada elemento y devolverlo a su estado natural.

Aquí entran a formar parte la colocación de las mesas para el siguiente servicio. Esto se hace con la ayuda de la orden de servicio, donde aparecerán todas las reservas, para que el personal pueda montar las mesas acorde con ellas.

 Recuerde

La orden de servicio es el documento realizado por el maître que especifica todas las tareas necesarias para que el servicio se pueda realizar de manera correcta.

Un profesional de servicio debe saber cómo organizar y distribuir las mesas en el local de manera que se adecúen a las necesidades de cada cliente y a la ejecución de un servicio cómodo. Un buen montaje de mesas, se realiza teniendo en cuenta:

- El número de reservas que existe.
- El número de comensales para cada mesa.
- El espacio de que se dispone en el local.
- El tipo de celebración de que se trate.
- Las propias exigencias de los clientes.
- La oferta gastronómica en sí.

Para ello, se ha de estudiar los tipos de montaje de mesas que existen y cuáles son las características especiales de cada uno de ellos teniendo en cuenta los aspectos anteriormente citados.

### *Tipos de montaje de mesas*

El montaje de mesa con mesas rectangulares, es también conocido como imperial.

Las mesas rectangulares o cuadradas son colocadas consecutivamente, dándoles la longitud deseada y teniendo siempre en cuenta las zonas de paso para los comensales y para el servicio.

Este tipo de montaje es el más recurrido, ya que por sus características no entraña ninguna complicación. Todos los comensales se sientan alrededor sin que haya ninguna distinción protocolaria entre ellos.

Es utilizado en comidas familiares o reuniones entre amigos.

**Montaje de mesa rectangular**

El montaje con las mesas redondas también es conocido como mesa redonda.

Puede ser una forma de O, o bien una mesa redonda sin hueco en el centro. Se utiliza para todo tipo de reuniones donde los comensales no son un gran número.

**Montaje de mesa redonda**

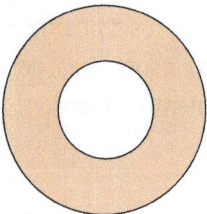

Las mesas cuadradas o rectangulares pueden dar una forma de T. La parte alta de la T estará reservada a la presidencia, quedando a la vista de los demás comensales. Es muy utilizado en comidas de empresa.

**Montaje de mesas en forma de T**

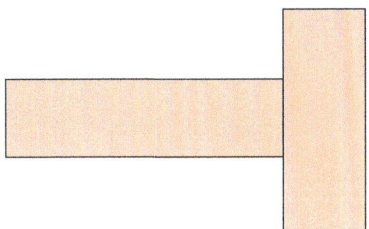

También se puede encontrar el conocido como montaje en herradura. Son mesas cuadradas o rectangulares unidas entre sí formando una U.

Es un tipo de montaje en el que los comensales se sientan en la parte exterior de manera que todos se vean las caras. No obstante, es posible que los comensales se sienten a ambos lados. Es un montaje que se usa sobre todo en reuniones de empresa.

**Montaje de mesas en forma de U**

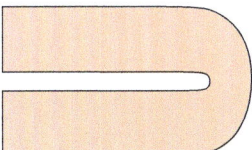

Tiene el inconveniente de que ocupa demasiado espacio si los comensales se sientan en la parte exterior y si lo hacen a ambos lados habrá personas dándose la espalda.

De igual manera es muy recurrido en comidas de empresa donde queda la presidencia en el nexo de unión entre ambas alas.

El montaje de las mesas formando una E también es conocido como montaje en peine. Se trata de una distribución con idénticas características al montaje en U, solo que con más alas que parten desde la presidencia.

**Montaje de mesas en forma de E**

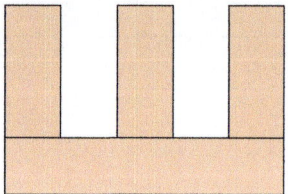

Con mesas redondas que están dispuestas alrededor de una central, que es la de la presidencia. Es un método que casi no se usa, sin embargo es uno de los más cómodos a la hora de servir.

**Americano o margarita**

Se trata de mesas rectangulares, dispuestas en forma que se asemeja a una espiga de trigo. Puede existir presidencia, que ocupa el lugar frontal, o no dependiendo de la celebración, y el resto de las mesas se colocan de manera oblicua, de esta manera se está aprovechando mucho más el espacio.

**Montaje en espiga**

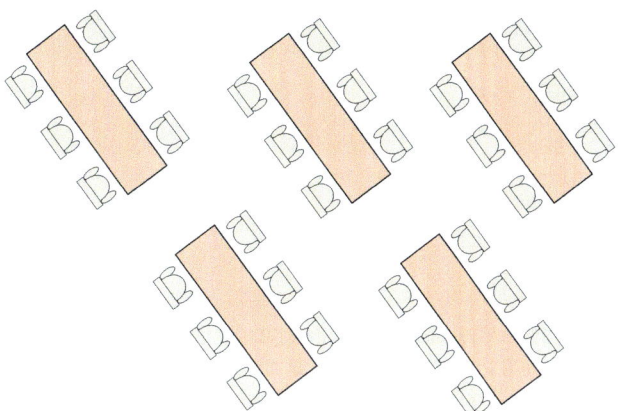

Otra distribución es poniendo las mesas distribuidas con los comensales de frente, de manera que todos puedan ver, por ejemplo una retroproyección o algún tipo de video. Es muy utilizado en comidas de empresa, sobre todo en desayunos y comidas ligeras.

**Montaje en escuela**

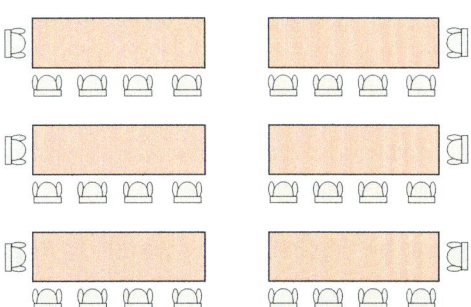

Una vez que el profesional tiene claro qué tipo de montaje va a precisar, debe vestir las mesas tal y como se ha estudiado anteriormente, utilizando todos los útiles y enseres que requiere un servicio y asegurándose de que todo está correctamente limpio y listo para el uso.

Será necesaria la elaboración del plan de trabajo de manera detallada e incluso, para celebraciones con un gran número de comensales, un plano de distribución donde se indica cómo deben quedar las mesas tras el postservicio.

 Aplicación práctica

**Imagine que usted es el encargado de sala de un restaurante y después de un servicio debe elaborar un plan de trabajo para que el local quede listo para el siguiente, que en este caso es el turno de cenas. Explique qué aspectos tendrá en cuenta a la hora de realizarlo.**

**SOLUCIÓN**

En primer lugar, se ha de evaluar el estado en que ha quedado el restaurante después de los almuerzos para poder dar la orden de una limpieza más o menos a fondo teniendo en cuenta que el próximo servicio no está muy lejos, por lo que hay que darse prisa.

Se comprueba también el estado de los baños para que la persona encargada los limpie de forma que queden impolutos para el siguiente servicio, en este caso no hay discusión posible, pues se deben limpiar a fondo sea cual sea el estado.

De igual manera, compruebo que todos los utensilios utilizados en el servicio se lleven a limpiar (ceniceros, servilleteros, muletillas, etc.) así como la retirada de los manteles sucios.

Una vez se está seguro de que todo está perfectamente limpio, con la ayuda del libro de reservas se comienza la distribución y montaje de las mesas, estudiando el número de comensales y el espacio del que dispone en el local.

Por último, se asegura de que todos los elementos que se van a utilizar durante las cenas estén listos para el uso. Se vestirán las mesas de acuerdo con los requisitos que conlleva el servicio de cenas, añadiendo por ejemplo una vela en el montaje para dar un toque de distinción.

## 3. Secuencia y ejecución de operaciones de postservicio según tipos y modalidades

Para poder estudiar la secuenciación de las tareas en que se divide un postservicio, como se ha dicho antes, se ha de tener en cuenta que cada tipo de servicio tiene su propio postservicio. De esta manera, y para cada uno de ellos, la secuenciación y ejecución del postservicio es la que se detalla a continuación.

### 3.1. Postservicio en mesa

Dentro de un postservicio en mesa se debe diferenciar si se trata de realizarlo mientras quedan clientes o no. Cuando el postservicio se ve fraccionado por la necesidad de remontar mesas, el profesional de sala debe realizar las tareas propias de este ejercicio de una manera mucho más discreta, intentando disimular lo más posible todos los aspectos del postservicio que pueden desagradar al cliente.

La secuenciación paso a paso de un postservicio en mesa será el que se detalla a continuación.

**Desbarasar la mesa**

Es decir, después de que los clientes han abandonado el local, se retiran las copas y el resto de elementos que quedan en la mesa.

Recuerde que para retirar las copas, así como el resto de cosas que quedan en la mesa, es importante que se utilice siempre una bandeja o en su caso un carro de apoyo si se trata de una gran cantidad de platos. Transportar las copas o cubiertos desde la mesa hasta el *office* en las manos, es una práctica muy utilizada pero que no es muy correcta. De hecho, hacerlo delante de un cliente está totalmente desaconsejado.

## Definición

**Office**

Es el lugar donde se realizan todas las tareas de limpieza del menaje de sala, es decir, vajilla, cristalería, etc.

Para la limpieza de la vajilla, como norma general, el *office* está provisto de lavavajillas o de un tren de lavado si se trata de un gran volumen de platos.

Después de haber lavado correctamente los platos, de los que se encarga el personal del *office,* los camareros se encargan de su repaso, es decir, se deben volver a limpiar con un paño de algodón para que queden libres de marcas de agua y lo más brillantes posible.

## Consejo

Para repasar los platos, un recurso muy utilizado es el agua con un poco de vinagre. De esta manera el camarero va pasando esta agua avinagrada de un plato a otro mientras los seca con el paño de algodón. El resultado final es un brillo absoluto.

Después de que los platos estén limpios, se trasladan a su lugar de almacenaje donde quedará a disposición del personal para que después ya sea en cocina o en sala estén listos para el uso.

Para el almacenamiento y transporte de los platos se utilizan carros que ayudan a este fin en lugares donde el volumen es grande y se requiere movilizar gran cantidad de platos.

*Ejemplo de carro de transporte de platos*

De igual manera, la cristalería se debe limpiar por el personal de *office,* pero el repaso está a cargo del personal de la sala. Para ello, el material utilizado será un paño de algodón que no deje hebras de hilo y un recipiente con agua caliente del que se utilizará el vapor para humedecer las copas, ya que así se limpiarán más fácilmente.

En el caso de las copas y vasos a la hora del transporte se utilizan unos dispositivos de almacenaje a los cuales, se les llaman coloquialmente "barcas".

*Ejemplo de barca para vasos*

La cubertería seguirá el mismo recorrido que los dos anteriores. La limpieza se asigna al personal de *office* y el repaso a los camareros; este debe ser muy cuidadoso, ya que un cubierto sucio en la sala denota desinterés por parte del servicio y da muy mala presencia. Su transporte se hace también en barcas y se distribuye por las distintas áreas que los requieran. Como norma general, la sala dispone de un aparador para su almacenaje.

**Desvestir las mesas**

Una vez que ya no quedan copas ni ningún otro elemento encima de las mesas, se procederá al retirado de la mantelería. En este caso todos los manteles junto con las servilletas se llevan en grandes bolsas a la lavandería, que pueden estar en el propio establecimiento o ser un servicio contratado desde fuera, donde se limpiarán a fondo. Por ello, en un restaurante debe haber siempre dos o tres manteles por mesa, incluso, se recomienda tener más para cada mesa con el fin de que nunca falten.

Una vez listos los manteles se devuelven doblados y planchados al local para que vuelvan a ser utilizados en el menor tiempo posible.

**Reestructuración del mobiliario**

Como ya se sabe, después de un servicio, algunas mesas pueden quedar descolocadas, por lo que es preciso una reestructuración del mobiliario para que en el siguiente servicio esté todo en orden.

Como norma general, todas las mesas tienen su propia ubicación y que es siempre la misma. Por ello, al finalizar el servicio, por norma, cada mesa se devuelve a su lugar original, a menos que el servicio siguiente esté muy próximo y haya que montar las mesas acordes con las reservas existentes.

Pero si se trata de un servicio de cierre, se ubicarán en la posición original, hasta nueva orden.

**Limpiar el suelo y airear el local**

Este es el momento en el que se debe airear el local abriendo ventanas para eliminar posibles olores que se quedan en el ambiente.

Una vez desprovistas las mesas de cualquier elemento y dependiendo de las circunstancias se procederá a la limpieza del suelo.

En un postservicio de cierre, es aconsejable subir las sillas encima de las mesas para facilitar el proceso.

Si es el caso de que el local permanece abierto durante la realización de las tareas, lo mejor es hacerlo moviendo las sillas una por una con cuidado de no hacer ruido. Es una manera más complicada, pero no resulta tan antiestético como colocar las sillas encima de la mesa.

Por lo demás, el suelo se debe limpiar primero barriendo, con cuidado de no levantar mucho polvo, y después fregando utilizando, por supuesto, los productos adecuados.

 Recuerde

Todos los productos de limpieza que se utilizan en la hostelería deben estar autorizados por la administración competente y por la organización mundial de la salud.

**La limpieza del mobiliario**

De igual manera, el mobiliario debe quedar limpio y libre de polvo o manchas, se utilizarán los productos adecuados como un paño que no suelte pelusa y un limpiador autorizado.

## Recuento de menaje y utensilios

En este caso se refiere a los útiles que ayudan a complementar un servicio como por ejemplo, decantadores, vinagreras, saleros, etc.

Este tipo de material es tan necesario como un plato o una copa y por ello se debe estar siempre en condiciones aunque no siempre se utilice. Durante el recuento, se debe tener en cuenta el número de elementos del que debe disponer un servicio y a la vez de su limpieza y rellenado en caso de que sean elementos susceptibles de gasto, como el salero o las aceiteras, para las cuales hay que prestar especial atención, ya que son utensilios que se ensucian muy fácilmente.

En este momento, se dejarán preparados otros utensilios de apoyo al camarero como muletillas, recogemigas, etc.

## Montaje de las mesas

El montaje se realiza con el libro de reservas en mano. En él, como ya se sabe, aparecen todas las reservas del siguiente servicio. En este caso, el montaje se hará cuando se sepa más o menos el número de personas estimado para el servicio, es decir, en un postservicio de cierre, el montaje no se suele dejar hecho, pues durante la mañana del día siguiente, lo más probable es que el número de reservas aumente por lo que el trabajo realizado es en vano.

El montaje de las mesas se suele dejar hecho, por ejemplo, en establecimientos como salones o restaurantes que ofertan banquetes o algún tipo de reunión, ya que estos suelen estar concertados desde varios meses atrás.

Para el montaje de las mesas, se utilizará la lencería apropiada. Para montar una mesa correctamente, se sabe que es necesario el muletón, el mantel y el cubremantel. Todo ello, se debe planchar directamente sobre la mesa, ya que de esta manera se consigue que quede completamente liso sin arrugas, al mismo tiempo se puede observar de manera más atenta si quedaron restos de manchas de algún tipo durante su limpieza, donde se cambiaría el mantel automáticamente por uno limpio.

## Consejo

En ocasiones las mesas pueden cojear de alguna pata. Para ello, los camareros utilizan el corcho de las botellas de vino vacías cortado a la anchura deseada, para colocarlo debajo de la pata en cuestión evitando así el balanceo tan molesto de una mesa coja.

Para concluir el montaje hay que dejar los materiales que se especifique en la orden de trabajo, perfectamente colocados sobre la mesa. En este caso son los platos, copas o cubiertos que se incluyan en la orden.

Es posible que en la orden de trabajo, por ejemplo, no se incluya en el montaje la colocación de las copas los platos o los cubiertos hasta el último momento para que no se ensucien; cada *maître* establece su propio criterio y delimita donde acaba el postservicio y comienza la *mise en place* o preservicio del ejercicio.

## Recuerde

El preservicio y el postservicio son dos términos con el mismo objetivo: dejar el local listo para el servicio.

## 3.2. Postservicio bufé

Como se dijo con anterioridad, es un postservicio más sencillo que el postservicio en mesa. La secuenciación y ejecución de las tareas se detalla en los siguientes apartados.

### Desbarasar la mesa

En este caso, el bufé dispone de una sola mesa para los platos y algunas más que sirven de apoyo.

Para desbarasar la mesa de un bufé es preciso que los invitados hayan desalojado el local, por lo que las tareas de recogida son más llevaderas.

En este caso, se llevarán los platos de igual manera que en un postservicio en mesa hasta el *office* donde serán limpiados y posteriormente repasados por los profesionales de la sala. En el caso de las copas y vasos y los cubiertos, el procedimiento es el mismo, teniendo en cuenta que en el bufé se utilizan también varios elementos de la cubertería para el reparto de la comida.

*Ejemplo de cubiertos utilizados en un bufé*

Será labor del personal de la sala, dejar todo el menaje repasado y listo para el uso en el próximo servicio de bufé.

### Desvestir la mesa

Como se ha visto anteriormente, el textil utilizado en una mesa de bufé se compone de la falda, el muletón, el mantel y el cubremantel.

Para la recogida de la lencería se tendrá en cuenta quitar las faldas y el muletón solo cuando estos estén sucios, pues no es muy frecuente que sea preciso retirarlos, por lo demás, el recorrido que sigue la lencería es el mismo que en el caso anterior.

### Limpiar el suelo y airear el local

De igual manera, el local debe airearse para eliminar olores acumulados una vez que los clientes han abandonado el local.

La limpieza del suelo, al no haber elementos que se interpongan, como las mesas y las sillas, se hace de una manera mucho más rápida y sencilla.

### Limpieza del mobiliario

En el caso del servicio de bufé, el mobiliario como es mínimo, por lo que su limpieza se hace rápida y sencillamente. Solo es preciso limpiar aquellos aparadores y mesas auxiliares de que disponga el local.

### Recuento del menaje y utensilios

En caso del servicio bufé, por sus características específicas, el menaje que se utiliza durante el servicio es bastante más extenso, que en un servicio en mesa ordinario. Se trata de utensilios como pinzas, cubiertos de repartir, y otros enseres como elevadores fuentes para frutas, dispensadores de cereales, calentadores, etc.

Estos utensilios deben limpiarlos los camareros y dejarlos listos para el uso.

*Ejemplo de utensilios utilizados en un bufé*

## Montaje de la mesa

En este caso, como norma general, el montaje se reserva hasta el momento del preservicio, en caso de que no se conozca con certeza la orden de trabajo del siguiente servicio.

Lo normal en un servicio bufé de desayuno de un hotel, es que el postservicio de las cenas se encargará del montaje del bufé de desayuno, ya que es siempre idéntico de un día para otro.

En caso de que el bufé sea de tipo eventual el montaje se realizará durante el preservicio.

 Aplicación práctica

**Imagine que usted es el encargado de un establecimiento que oferta un servicio de desayuno bufé. Indique qué aspectos tendrá en cuenta a la hora de realizar el postservicio de las cenas del día anterior.**

**SOLUCIÓN**

En primer lugar, se realizará el desbarasado del menaje de las cenas, llevándolo a limpiar al office. Una vez limpio, se tiene que encargar del repaso.

Una vez que el menaje está en perfectas condiciones, se asegura que también los utensilios del bufé como calentadores, fuentes de fruta, etc., estén limpios y en orden.

El suelo también quedará limpio a la vez que se airea el salón.

Una vez cubiertos estos requisitos, se tiene que disponer a montar la mesa para el día siguiente. En este caso, se viste la mesa con la lencería adecuada y se coloca todo el menaje que se prevé que será necesario para el servicio.

La mesa quedará completamente montada a falta de la comida que se expondrá por la mañana a primera hora.

## 3.3. Postservicio de autoservicio

La recogida de los útiles y enseres de un autoservicio se deben ir retirando durante el servicio, excepto la comida de los mostradores que se devuelve a la cocina al final del servicio.

De todas formas, la secuenciación del ejercicio se realiza de la siguiente manera:

1. **Desbarasado de las mesas.** En el autoservicio, el cliente es el encargado de transportar su propia comida a las mesas, sin embargo, es el personal de servicio el encargado de realizar su recogida.
   Por lo tanto, en los establecimientos que proceda, el desbarasado se hará de igual manera que en un servicio tradicional en mesa, llevando la vajilla, cubertería y cristalería al *office* donde el personal encargado realizará su limpieza, siendo el personal de servicio el encargado del repaso de todo el menaje. En este tipo de locales, cuando el volumen de comidas es elevado, se emplean los carros para el transporte estudiados anteriormente.

2. **Desvestir las mesas y desbarasar los mostradores.** Por lo general, en este tipo de locales no suele haber un mantel de tela, sino, más bien, manteles de papel o incluso nada, pues el cliente utiliza su propia bandeja como mantel.
   En este caso, la recogida de las bandejas de un autoservicio, las recoge el personal competente que las lleva a la cocina para que sean limpiadas. El repaso de estas bandejas depende del personal de la cocina al igual que el montaje.

3. **Limpiar el suelo y airear el local.** Este proceso se realizará de manera idéntica al del postservicio en mesa.

4. **Limpieza del mobiliario.** El mobiliario de un local de autoservicio está compuesto, como ya se ha visto, por los mostradores, mesas auxiliares y mesas y sillas de servicio.
   La limpieza de los mostradores es labor del personal de servicio, para ello se utilizará jabón para frotar bien las posibles manchas de comida que pudieran quedar en las superficies. Después se aclararán con agua limpia y por último, se deben repasar todas las superficies con

algún tipo de abrillantador especial para cristales o para acero inoxidable en su caso.

*Casi todos los mostradores de autoservicio están compuestos de acero inoxidable y cristal.*

5. **Recuento de menaje y utensilios.** En un autoservicio al igual que en un bufé, se hace uso de los cubiertos para servir la comida; de lo que se encargan los profesionales para que estén en perfecto estado antes del servicio. El resto de utensilios en un autoservicio, como son vinagreras u otros elementos, también estarán a cargo del personal de la sala.

6. **Montaje de los mostradores.** Por norma general, el montaje de las bandejas es labor del personal de cocina, sin embargo el transporte hasta los mostradores es del personal de servicio, así como la obligación de mantener el área limpia durante el servicio y de informar de la reposición de bandejas vacías.

## 3.4. Postservicio en barra

Como se ha dicho en el capítulo anterior, el postservicio de una barra es continuo y solo al final del día es cuando se debe realizar una recogida y limpieza a fondo de la barra y los útiles que se hayan precisado.

La secuenciación de un postservicio en barra se realizará siguiendo los apartados que se van a detallar a continuación.

**Retirada de los platos y limpieza de copas y cubiertos**

Los platos y cubiertos que se utilicen en la barra deben limpiarse en el *office*, quedando de la mano del personal de barra su repaso y puesta a punto.

Las copas, como ya se ha explicado, puede que se limpien o bien en el *office* o bien la propia barra, que es lo más normal.

Para ello, el personal debe saber cuáles son los productos que se deben utilizar, en caso de tener lavavajillas, un detergente no espumoso y un abrillantador, que se incorporarán a la máquina en función de las indicaciones del fabricante. Después del lavado es preciso un repaso de las copas que quedarán húmedas, con un paño que no suelte pelusa.

Una vez limpias, se colocan en orden en el sitio asignado a cada una de ellas.

**Limpieza de la maquinaria de la barra y reposición de bebidas**

Por lo demás, los elementos más importantes a tener en cuenta a la hora de limpiar la barra es la cafetera, el grifo expendedor de cerveza y los botelleros, ya que son la maquinaria que más se ensucia en el día a día, y por ello, se les ha de tomar una mayor importancia.

La **cafetera** se debe limpiar solo al final del día si se mantiene en condiciones durante todo el servicio. Es imprescindible disponer de una bayeta dedicada solo a este fin, con la que se limpiará el dispositivo para calentar la leche y los posibles restos de café que puedan caer en las superficies. Cuando la jornada ha concluido, se limpian los cazos, si es necesario, con un poco de jabón, eso sí, el aclarado debe ser muy abundante, ya que el sabor del jabón se puede transferir al café. La máquina se limpia usando un cazo ciego mediante el que se eliminarán los restos de café que puedan quedar en el dispositivo donde se incorpora el cazo.

Al final del día se repone el café llenando los molinillos y se dejará apuntado el pedido que se debe hacer al día siguiente.

*Las partes más importantes a mantener en perfectas condiciones durante el servicio son los cazos y el vaporizador, ya que el producto a servir entrará en contacto directo con ellos. Por su lado, la bandeja, no deberá presentar restos de granzas o café, pues manchará la taza de servicio, ofreciendo una muy mala imagen.*

 Consejo

Para limpiar el café molido que se cae de los molinillos es conveniente usar una pequeña brocha destinada solo a este fin. Es importante que la cafetera luzca brillante, para lo cual se utilizarán los productos adecuados.

El **grifo de la cerveza** siempre debe estar limpio y brillante. Es muy habitual que cuando los conductos de desagüe de la cerveza no se limpian correctamente, aparecen mosquitos muy molestos y que denotan las malas condiciones higiénicas. Por ello durante la limpieza del grifo, es aconsejable, vaciar por el conducto de desagüe una jarra con agua caliente.

Además, la limpieza debe ser continua, pues sobre todo cuando llega el calor, la cerveza se acumula en huecos y ranuras y se cría una especie de moho muy antiestético.

 **Nota**

Un grifo de cerveza en buen estado es sinónimo del buen hacer del local lo que hará que funcione.

Otro de los elementos importantes es la manutención de los botelleros limpios y ordenados. Para ello, la limpieza se realizará sin botellas, momento que se utilizará para reordenar las referencias por fecha de caducidad. Para limpiarlos siempre se utilizarán los productos adecuados, agua y jabón y un buen aclarado. Una vez se sabe que se ha gastado, se dejará el pedido anotado.

**Limpieza de superficies y suelo, retirada de basura y aireado del local**

La barra se limpiará con los productos adecuados a su material de fabricación, con el fin de que quede limpia y sin marcas de agua o detergente.

El suelo se barrerá y fregará tras sacar la basura por ambos lados de la barra eliminando manchas a conciencia, ya que es uno de los lugares del establecimiento donde más se ensucia el suelo.

**Pedido y arqueo de caja**

Por último, la persona encargada de la barra hará una lista con el pedido que se debe hacer el día siguiente con todas las referencias necesarias para la manutención de la barra.

También cuando es la persona encargada realizará el arqueo de caja.

## Recuerde

El arqueo de caja es el procedimiento mediante el cual la persona encargada realiza el recuento de dinero físico y tiques que hay en la caja al final de un ejercicio.

## 3.5. Postservicio de banquetes

Al igual que en un postservicio de bufé, la retirada al completo del material utilizado se hace al final del servicio cuando ya no quedan clientes por los que las tareas de recogida son más llevaderas.

La secuenciación es la siguiente:

1. **Desbarasar las mesas.** Este ejercicio se realiza exactamente igual que en un postservicio en mesa, retirando todos los elementos que se hayan utilizado durante el servicio, y llevándolo a limpiar a su lugar correspondiente, en este caso el *office*.
2. **Retirada de la lencería.** De igual manera la lencería se recogerá en grandes bolsas para llevarlas a la lavandería.
3. **Limpieza de suelos y aireado del local.** Para limpiar el suelo de un banquete, se subirán las sillas en las mesas, para facilitar el proceso. Entonces se barre y se friega el suelo utilizando siempre productos autorizados. En este momento se airea el local.
4. **Recuento de útiles y enseres.** En este caso los útiles y enseres utilizados durante el banquete se dejarán limpios y listos para el siguiente ejercicio, siendo responsabilidad del personal de sala.
5. **Retirada de basuras.** Durante un banquete se origina gran cantidad de basura que debe ser retirada del local por el personal de servicio.
6. **Montaje de mesas.** Por último, se montarán las mesas con la orden de trabajo, para dejarlas listas para el servicio siguiente usando las mismas técnicas que ya se conocen.

Por último, se ha de indicar que todos los postservicio que se han estudiados se complementan con las siguientes indicaciones cuando se trate de un **postservicio de cierre.**

Después de haber realizado correctamente la secuenciación de las tareas de recogida y limpieza del establecimiento, cuando se trate de un cierre, se procederá de la siguiente manera:

a. Comprobado de cualquier dispositivo que deba quedar encendido durante el tiempo que el local está cerrado, por ejemplo cámaras y botelleros.
b. Apagado de luces. Para ello se comprobará que todas las luces quedan apagadas correctamente.
c. Comprobación de pedidos para el día siguiente, atendiendo a todos los apartados del local, tanto barra como bodega y sala.
d. Cierre del local. Para hacerlo correctamente se atenderá a las indicaciones que se tengan para hacerlo correctamente.

## 4. Resumen

En este capítulo se ha podido comprobar cuáles son los diferentes tipos y modalidades de un postservicio y cuáles son las características de cada uno de ellos, para que un profesional las tenga en cuenta a la hora de realizarlo de una manera correcta.

De esta forma, se puede clasificar atendiendo a la propia naturaleza del servicio en cuestión y a su vez a la franja horaria en que se puede realizar, para lo que se tendrá en cuenta también la proximidad del siguiente ejercicio gastronómico.

También se ha visto cuáles son las partes que se deben tratar en un establecimiento en cuanto a su mantenimiento, limpieza y colocación y cómo se debe hacer en cada caso, aplicando siempre el buen criterio del personal que sin duda debe ser honesto y hacendoso.

Es importante destacar que un buen profesional debe saber no solo el grueso de la teoría de un correcto postservicio, sino también, que cuidando los detalles aplicando el sentido común se llega a un estado de bienestar en el trabajo consiguiendo también el del cliente, por ello se ha estudiado la secuenciación de un postservicio en mesa, ya que es el más completo que existe y se ha explicado al detalle cuáles son las tareas que se realizan para llevarlo a cabo y cuál es la forma más correcta de hacerlo, diferenciando al mismo tiempo entre los requerimientos de un postservicio a turno partido y de cierre.

Ejercicios de repaso y autoevaluación

1. El postservicio es...

    a. ... el conjunto de tareas a realizar después de un servicio.
    b. ... el conjunto de tareas a realizar antes de un servicio.
    c. ... la secuenciación de las tareas a realizar en un servicio.
    d. Todas las opciones son incorrectas.

2. A la hora de desbarasar una mesa a la vista del cliente se tendrá especial cuidado en...

    a. ... no coger las copas en la mano, utilizar siempre bandeja.
    b. ... no dejar platos usados en el salón en el gueridón u otra mesa.
    c. ... no dejar una mesa completamente desnuda o con el muletón.
    d. Todas las opciones son correctas.

3. Como norma general los platos del desbarasado de una mesa se limpian en...

    a. ... la cocina.
    b. ... la barra.
    c. ... el *office.*
    d. ... la lavandería.

4. En el postservicio, los encargados de realizar las tareas de sala son...

    a. ... el *maître* y los cocineros.
    b. ... el *maître* y el personal de sala.
    c. ... el *maître* y el personal de limpieza.
    d. Todas las opciones son incorrectas.

5. Higienización es...

    a. ... el conjunto de conocimientos y técnicas que se deben aplicar para el control de los factores que pueden ejercer efectos nocivos para la salud.
    b. ... la tarea de limpieza de un baño.
    c. ... aplicar lejía en todo el establecimiento.
    d. ... cuando una empresa autorizada viene a fumigar el local.

6. **En la reubicación del mobiliario de un establecimiento, si no se sabe con certeza cuáles son las reservas del próximo servicio, ¿cómo se hace?**

   a. Se dejan las mesas en su posición habitual.
   b. Se deja todo sin limpiar.
   c. Se dejan las mesas tal y como están.
   d. Se montan las mesas tal y como están.

7. **El grifo de la cerveza se debe limpiar...**

   a. ... vertiendo agua caliente en el conducto de desagüe.
   b. ... diariamente.
   c. ... con agua y jabón.
   d. Todas las opciones son correctas.

8. **Es un autoservicio, la limpieza de las bandejas que contienen la comida, la deben realizar...**

   a. ... los camareros.
   b. ... los cocineros.
   c. ... el personal de limpieza de *office* o cocina.
   d. Todas las opciones son incorrectas.

9. **La cafetera se debe limpiar...**

   a. ... durante el preservicio.
   b. ... durante el servicio.
   c. ... durante el postservicio si se ha llevado un buen mantenimiento todo el día.
   d. ... solo al final del día, si se ha llevado un buen mantenimiento todo el día.

10. **El arqueo de caja es una tarea que se realiza...**

    a. ... durante el servicio.
    b. ... después de cada servicio.
    c. ... solamente en el postservicio de cierre.
    d. Todas las opciones son incorrectas.

# Capítulo 3
# Participación en la mejora de la calidad

# Contenido

## 1. Introducción

En la hostelería, como en cualquier otro campo de atención al público, la calidad de un producto o servicio es lo que el propio cliente entiende por la adquisición satisfactoria de dicho producto o servicio.

Dentro de la evaluación de esta calidad se debe diferenciar dos puntos de vista: el cliente y el establecimiento que vende o presta el servicio. Todo ello envuelto en un contexto que va a determinar que la calidad pueda finalmente hacerse efectiva.

En la hostelería, como en cualquier otro campo de atención al público, la calidad de un producto o servicio es lo que el propio cliente entiende por la adquisición satisfactoria de dicho producto o servicio.

Dentro de la evaluación de esta calidad se deben diferenciar dos puntos de vista: el cliente y el establecimiento que vende o presta el servicio. Todo ello envuelto en un contexto que va a determinar que la calidad pueda finalmente hacerse efectiva, obteniéndose al mismo tiempo beneficios, bajo el control de insumos permitiendo una adecuada gestión y manutención del establecimiento, y por supuesto para evitar resultados defectuosos.

Por ello, en este capítulo se va a aprender a valorar las calidades existentes en el ámbito hostelero, haciendo partícipe al cliente, sin olvidar la necesidad de controlar los insumos haciéndolo fácil y seguro.

## 2. La calidad

Se define calidad como las cualidades propias de un producto o servicio que resultan satisfactorias para un cliente, alcanzando sus expectativas. La buena calidad de un producto o servicio viene determinada cuando un cliente lo adquiere sin que haya ningún tipo de problema, tanto en el proceso de adquisición como en las cualidades del producto en sí.

 **Nota**

Se dice que un producto es de buena calidad cuando cumple las funciones para las que fue creado y además durante su utilización no presenta complicación, fallos o problemas.

## 2.1. Los recursos

Se entiende por sistemas de calidad todos aquellos procedimientos que una empresa, que se encarga de la elaboración de un producto o prestación de un servicio determinado, lleva a cabo para lograr que finalmente el producto o servicio sea satisfactorio, tanto para el cliente como para la propia empresa.

Para poder conocer estos sistemas de calidad se ha de atender primero a los **recursos** de que dispone la empresa para llevar a cabo la fabricación y venta del producto o la prestación de un servicio grato.

Estos recursos son:

1. **Recursos físicos.** Es decir, es principalmente de los medios en infraestructuras, maquinaria, etc., de los que depende una empresa para poder llevar a cabo su ejercicio.
   En el caso de la hostelería, se trata del propio local donde se va a realizar la prestación del servicio y además de los materiales que se van a utilizar para ello.
   Todo ello, va a contribuir a la elaboración de un plan de trabajo para la posterior venta de productos y servicios, y es indiscutible que son recursos que deben ser reales y que sin los cuales el ejercicio no sería posible.
   Ejemplo. En un restaurante, los recursos físicos serán el propio local, materiales de uso para la preparación del servicio como, platos, vasos, etc. Y además, todo lo referente a materias primas tanto de comida como de bebida.

2. **Recursos logísticos.** Este nombre hace referencia a todos aquellos sistemas operativos de que dispone un establecimiento para poder llevar a cabo el ejercicio y a la vez de las personas que los llevan a cabo.

   Pese a la creencia de que son recursos secundarios, disponer en un establecimiento de un buen sistema logístico donde quede todo documento del tipo que sea registrado y listo para consulta en el momento preciso, se ha convertido casi en el pilar fundamental del buen funcionamiento de cualquier empresa y sin los cuales el ejercicio no sería posible. Para conseguir un objetivo, todos los recursos de que dispone una empresa deben trabajar en conjunto.

3. **Recursos humanos.** Si los dos anteriores son fundamentales para conseguir un producto o servicio de calidad, los recursos humanos son la base de todo ejercicio económico. De hecho sin las personas no habría ni siquiera la intención de elaborar un producto y por consiguiente no existiría el ejercicio.

   En un ejercicio de calidad son las personas las encargadas de que finalmente el cliente adquiera su producto y lo evalúe de forma satisfactoria. En el caso de la hostelería, los recursos humanos son los que llevan a cabo el ejercicio dictaminado por la logística, sabiendo los objetivos fijados y a la vez las infraestructuras de que se dispone.

Estos son los pilares fundamentales de que dispone una empresa para llevar a cabo sus objetivos y sin los que de manera independiente una empresa no puede hacer frente a su demanda.

## 2.2. La calidad para el cliente

Una vez entendidos los recursos de que dispone, una empresa debe formalizar sus criterios de calidad para finalmente conseguir los objetivos. Para ello, no solo le es suficiente con analizar sus propios criterios y llevarlos a cabo, sino que es imprescindible tener en cuenta lo que el propio cliente entiende por calidad.

Para tal fin, se hace imprescindible realizar ciertos estudios que determinan este concepto, como son, entre otros:

- Estudios de mercado.
- Estudios demográficos.
- Estudios de la segmentación del mercado.
- Encuestas a consumidores.
- Evaluación de resultados.

 **Definición**

**Estudio de mercado**

Se trata de una valoración de todo lo referente a lo que se pretende vender, es decir, un análisis de los posibles compradores y de sus inclinaciones en cuanto a la adquisición de este.

Todo ello ayudará en un momento dado a valorar si finalmente las expectativas del cliente estarán alcanzadas por el servicio o producto que se quiere vender.

En definitiva, en hostelería, un buen estudio de la calidad entendida por el cliente va a determinar que el servicio le resulte satisfactorio y decida repetir la visita, que es el objetivo principal, y que es lo que ya se conoce como fidelización del cliente.

## 2.3. Los sistemas de calidad

Un sistema de calidad es un conjunto de actividades y procedimientos que se llevan a cabo en el ejercicio de una empresa para llegar a alcanzar unos objetivos determinados, consiguiendo la efectividad en la producción además de un producto o servicio libre de fallos y económicamente rentable para la empresa y para el cliente.

La implantación de estos sistemas se lleva a cabo mediante una serie de pautas a seguir que se realizan durante todo el proceso de producción desde su comienzo hasta el fin.

Estas pautas suceden en un sistema de calidad de la siguiente manera:

1. Planificación de la calidad.
2. Control de la calidad.
3. La mejora de calidad.

**Planificación de la calidad**

Son todas aquellas actividades que se llevan a cabo desde el comienzo más primitivo del proceso de producción, o sea, desde el primer pensamiento que se tiene acerca del producto o servicio que se va a expedir.

 Consejo

Pensar es el factor determinante antes de comenzar cualquier ejercicio.

En la planificación se hace necesario contestar una serie de preguntas cuyas respuestas serán el determinante de calidad del objetivo. Estas preguntas son:

- **¿Qué?** Hace referencia al producto en sí que se pretende elaborar o al servicio a prestar.
- **¿Cómo?** Para elaborar un producto determinado se ha de tener en cuenta de qué recursos se disponen.
- **¿Dónde?** Dentro de los recursos, en la planificación de una producción, uno de los más importantes es el lugar físico donde se llevará a cabo.
- **¿Para quién?** Al igual que para el productor, la venta de un producto debe hacerse de manera que para el comprador debe ser también factible y asequible. Este hecho debe estar siempre en mente del productor.

**Control de la calidad**

Todo procedimiento, sea del tipo que sea, debe llevarse a cabo siguiendo unos criterios previamente establecidos sin los que la planificación sería absurda.

Se entiende por control de calidad todas aquellas actividades que serán imprescindibles para conseguir una buena consecución de las tareas, sin dar lugar a imprevistos innecesarios.

Durante el control de la calidad se tendrá siempre en cuenta la forma de realizar el trabajo, estudiando siempre en todo momento posibles soluciones o nuevas prácticas que ayuden a llevar a cabo el proceso de una manera más rentable o sencilla.

Se debe tener presente dos conceptos claves en una producción, y que van cogidos de la mano, pues además de ser **eficaces** en la producción deben ser **eficientes.**

 Definición

**La eficacia**
Un procedimiento eficaz es aquel que lleva a obtener al final un producto de calidad.

**La eficiencia**
Un procedimiento eficiente es aquel que además de obtener al final un producto de calidad, lo hace de manera rentable en muchos sentidos.

**La mejora de calidad**

Una vez se ha estudiado todas las posibilidades que se disponen para llevar a cabo una producción de calidad, queda solo evaluar el procedimiento, destacando fallos y errores y aplicando mejoras en el producto y sobre todo en el procedimiento.

En este caso la mejora de la calidad va a determinar que el proceso de fabricación o en este caso la consecución de un servicio sea lo más satisfactoria posible con el paso de los días.

En un servicio de restaurante o bar, siempre es conveniente sentarse a hablar sobre todos los fallos cometidos durante, o al final del ejercicio y cuáles son las posibles mejoras que se pueden aplicar al siguiente.

## 2.4. Aseguramiento de la calidad

En el ámbito de la calidad, no solo basta con que el productor o la empresa que presta el servicio sepa que existe y que se han tomado las medidas necesarias para llevarla a cabo, de principio a fin, lo verdaderamente importante es que el cliente sepa que efectivamente el servicio o producto que está adquiriendo cumple con la normativa vigente en cuanto a seguridad y calidad.

Tras establecer los parámetros que acompañan al producto o servicio durante todo el proceso y determinan su buena calidad, las empresas deben hacerlo saber a los clientes mediante una serie de indicaciones impresas en el soporte donde viene comercializado, o en el caso de ser un servicio estas indicaciones deben estar siempre a la vista del cliente dentro del establecimiento.

 Definición

**Aseguramiento de la calidad**
Se entiende por aseguramiento de la calidad, a todas aquellas acciones dirigidas a informar al cliente de que efectivamente el proceso de producción o servicio se hace cumpliendo las normas de calidad y seguridad vigentes.

La única forma de demostrar que la calidad en un establecimiento de hostelería existe, es documentarlo mediante una serie de escritos que deben estar a disposición de los clientes para cuando estos los soliciten.

Así pues, dentro de un servicio se puede encontrar varios ámbitos a los que se puede aplicar la normativa de calidad siguiendo una serie de criterios.

**Alimentos y bebidas**

En el servicio al cliente, de acuerdo con los estándares establecidos, se acreditan procesos de calidad mediante la documentación adecuada, tanto en lo referente a alimentos como en bebidas.

En este caso se puede incluir cualquier documento aclaratorio que se puede encontrar en un restaurante o bar. Como norma general, estos documentos deben estar a disposición del cliente para cualquier consulta que pueda precisar.

Estos documentos pueden ser:

- Notas aclaratorias de procesos de seguridad en la preparación de algún alimento.
- Restricciones o prohibiciones sobre algún aspecto, ya sean propias de la empresa o leyes a nivel local, autonómico o nacional.
- Controles de calidad del agua.
- Aplicar y dejar constancia de un sistema de APPCC o una guía de las correctas prácticas de higiene.

 Definición

**APPCC**
El Análisis de Peligros y Puntos de Control Crítico se trata de un sistema estándar internacional que define los requisitos para la gestión de la seguridad alimentaria en un establecimiento de venta de comida y bebida.

Los bares y restaurantes que trabajan el pescado crudo o marinado están obligados a tener un documento que acredita que el proceso de elaboración incluye las normas básicas para la lucha contra el *anisaki.*

 Definición

**Anisakis**
Anisakis es un género de nematodos parásito, que afecta a los peces y mamíferos marinos, produciendo lesiones en el tubo digestivo.

*En la cocina japonesa, se suele consumir mucho pescado, sobre todo crudo.*

En los establecimientos de la industria gastronómica, se hace imprescindible indicar los requisitos básicos que debe tener un establecimiento en cuanto a higiene, calidad en productos y la refrigeración de los mismos, que van a determinar que efectivamente existe una calidad y que se lleva a cabo en todo el establecimiento. Se han establecido, de igual manera una serie de documentos que lo acreditan, se trata en este caso:

- Habilitación de espacios para minusválidos.

*La ley actual establece que los baños habilitados para minusválidos deben ser primera necesidad.*

- Acreditación de desinfección, desinsectación y desratización.
- Indicaciones de que el local está climatizado, insonorizado y que cumple con la normativa de bienestar social.

- Indicaciones de salidas de emergencia.
- Indicaciones de actuación contra incendios.
- Luces de emergencia en perfecto funcionamiento.
- Controles de calidad de la temperatura de las cámaras frigoríficas.

 **Nota**

Los bares y restaurante están obligados a tomar la temperatura de las cámaras, llevando un control exhaustivo, basado en la implantación de su propio sistema de seguridad APPCC.

**Recursos utilizados**

En este caso se hace referencia a los recursos financieros que se utilizan dentro del local, es decir, atiende a los manejos de dinero, producción y presupuestos que tiene el restaurante de acuerdo al plan de trabajo previamente establecido. La documentación acreditativa para tal fin es:

- En este caso es preciso indicar al cliente los métodos de pago de que dispone. Como norma general, en un establecimiento de hostelería se paga al contado, sin embargo, como se estudia en capítulos anteriores, se sabe que hay varias formas de hacerlo. El establecimiento debe indicar de qué métodos de pago dispone.
- A su vez, es preciso proporcionar al cliente listas de precios preestablecidos por consumo. Se establecen a modo de guía para que el cliente pueda comprobar que no se está ejerciendo un fraude sobre su compra.
- Listas de precios en carta fija. Esto está establecido por la ley y lucha abiertamente contra los trabajadores de la venta al público que se ha sabido que son fraudulentos.
- Documentos acreditativos del impuesto sobre la música y la televisión.
- Hojas de reclamaciones. El cliente tiene el derecho de denunciar que algo del establecimiento no goza de buena calidad, ante el ministerio de consumo para que este tome las medidas oportunas.

Aplicación práctica

Imagine que usted llega como nuevo encargado de un establecimiento de hostelería que se va inaugurar en breve. La persona que ha invertido en la apertura del local le comunica que no es muy entendido de la materia y que no sabe bien qué documentación es necesaria para lograr el aseguramiento de la calidad del lugar.

Teniendo en cuenta que no hay ninguna indicación de información para los clientes y que tampoco el local está habilitado para minusválidos, redacte un informe para que el dueño del establecimiento haga una evaluación de los cambios que debe realizar en el local para que sea un local que asegura su calidad.

### SOLUCIÓN

Informe de evaluación.

En primer lugar, en consonancia con la legislación vigente, es preciso habilitar zonas para minusválidos y a la misma vez indicar que estas zonas efectivamente existen para que el cliente pueda visualizarlo incluso antes de entrar en el local.

Será necesario también, indicar visualmente toda la reglamentación referente a la protección de menores, la venta de bebidas alcohólicas y de tabaco.

Actualmente, la legislación estatal prohíbe fumar en cualquier espacio público por lo que se hace necesario indicarlo.

Es preciso de igual manera, tener en el restaurante la documentación acreditativa de una serie de requisitos que exige "sanidad y consumo", como:

I Plan de prevención contra incendios.
I Plan de evacuación de emergencia.
I Implantación de un sistema de APPCC.
I Informes sobre desinfección, desinsectación y desratización de manera anual.
I Listado de precios fijos en la carta, tanto de alimentos como de bebidas.
I Señalización de salida de emergencia.
I Registros de control de agua diario, así como de temperaturas de cámaras frigoríficas.

Por último, indicar que llevando a cabo estos requerimientos se podrá asegurar, de cara al cliente, un producto y un servicio de calidad.

## 3. Actividades de prevención

Los insumos en la hostelería son los gastos en alimentos y bebidas que tiene un establecimiento a lo largo de un ejercicio determinado.

Prevenir es intentar evitar antes de que ocurra un suceso determinado.

Durante el control de insumos, al igual que en muchos otros aspectos de la vida, la prevención se hace imprescindible para poder llevarlo a cabo de una forma sencilla y práctica.

Cuando se previene en el control de insumos, en realidad se está ahorrando en muchos aspectos como en tiempo, en espacio y en definitiva en dinero.

El tiempo tal y como se establece hoy día, se podría decir que vale dinero. Un minuto de tiempo, equivale a una proporción en dinero que se establece por cada uno de los trabajadores. Es por esto que al prevenir en el control de los insumos, se está evitando que haya errores innecesarios que solo harán perder el tiempo.

 Ejemplo

A la hora de trabajar en un restaurante, un camarero debe conocer las actividades de prevención de accidentes, pues es cierto que un accidente que se podría haber evitado, provoca pérdidas de tiempo, que al final se traduce en pérdidas gananciales para el local.

De igual manera, a la hora de llevar un control de lo que se gasta en la bodega del restaurante o su economato, se ha de tener en cuenta que el espacio también cuesta dinero, es decir, un almacén donde hay una serie de existencias cuesta un dinero; primero el alquiler del local y en su propia manutención (luz, agua, limpieza) y segundo se contabiliza la propia mercancía que hay acumulada.

Prevenir en el espacio, se podría decir que es intentar no excederse con las compras, pues es un dinero que está inmovilizado, y que no se puede, por tanto, invertir para otro fin. Además es cierto, que cuantas más existencias haya en un economato o bodega, más riesgo hay de una pérdida voluminosa si se produjera un accidente.

 Ejemplo

En el congelador de un restaurante hay más comida congelada de la necesaria. Los errores que producen esta práctica son:

I Que el congelador gasta más energía al tener que enfriar más.
I Que ante una rotura del aparato las pérdidas son mayores.
I Que no queda espacio para meter otra cosa que de verdad pueda hacer falta.

Todas estas medidas se hacen reales cuando al realizar la contabilidad del establecimiento, los resultados son beneficiosos habiendo convertido las entradas y salidas de mercancía en ganancias.

Uno de los factores críticos que se deben tener en cuenta a la hora de llevar a cabo el control de insumos es la prevención, que va a dar cierta seguridad al realizar las tareas y procesos de control que al final evitan resultados defectuosos.

Prevenir en todos los aspectos es importante para que se pueda llevar a cabo un ejercicio sin sobresaltos ni errores innecesarios, pues una mala gestión puede dar lugar a pérdidas a las que el restaurante tiene que hacer frente y que en realidad se podrían haber evitado.

Teniendo todo esto en cuenta, se puede decir que la prevención en el control de insumos es vital para que una mala gestión del establecimiento no lleve como consecuencia algún tipo de pérdida financieramente hablando. Por eso, dentro de esta prevención, teniendo en cuenta los factores anteriores, se pueden destacar las siguientes medidas:

- Llevar una buena contabilidad desde el primer día.
- Tener proveedores de confianza, rechazando los que espontáneamente llegan al local, vendiendo cualquier tipo de mercancía.
- Inventariar el almacén al menos una vez al mes. Al hacerlo, el control de las compras se agiliza enormemente.
- Llevar un buen control de la mercancía, tanto en su fecha de caducidad como en la cantidad de cada referencia que debe haber en *stock*.
- Llevar un correcto control de fechas de caducidad, teniendo en cuenta que dejar que un producto caduque es una pérdida directa.
- Mantener el almacén cerrado a cara del personal, siendo el jefe de economato el único con acceso.
- Asegurarse de que la mercancía se guarda en lugar totalmente acondicionado para cada género, con el fin de que no se produzcan caídas o roturas innecesarias.
- Mantener las buenas condiciones higiénico-sanitarias y procurar que el ambiente se encuentre dentro de las necesidades de la mercancía.

 **Nota**

No llevar un inventariado correcto del almacén dificulta enormemente el trabajo diario.

## 4. Control de insumos

En un establecimiento de hostelería, como ya se ha dicho, el control de los insumos es vital para el buen funcionamiento del mismo. Esto hace referencia al control que se debe llevar a cabo teniendo en cuenta las entradas y salidas de mercancía que hay en el establecimiento.

 Definición

**Stock**
Se conoce como stock, como todo lo referente al almacenaje e inventariado de mercancías en un establecimiento del tipo que sea.

Un camarero debe conocer a la perfección las técnicas de control de insumos que se usan en el registro de *stock* y por supuesto cómo utilizarlos.

Dentro del control de insumos se debe diferenciar varios sistemas de contabilizar las entradas y salidas de mercancía. Esto se hace con el fin de obtener un control de las mercancías y una valoración en dinero de las mismas, sin los cuales llevar una contabilidad organizada del establecimiento sería imposible.

De esta manera, se puede diferenciar entre:

1. **LIFO.** Entiende que la última mercancía que entra es la primera que sale. En consecuencia, el valor de coste de la última venta será igual al precio de adquisición de la última mercancía comprada y, por tanto, quedan como existencias finales las entradas más antiguas.
2. **FIFO.** La primera existencia que entra es la primera que sale. El coste de la venta es el más antiguo de los precios de adquisición existentes. Este método de primera entrada, primera salida, supone que las existencias inventariadas coinciden con las últimas entradas.
3. **NIFO.** En este caso se valorará la existencia conforme al precio de reposición. Es decir, el precio que se da a la mercancía del almacén es el mismo que esta mercancía tiene en el mercado actual.
4. **Precio Medio Ponderado.** El valor de la mercancía es la media ponderada de los distintos precios de entrada. Ello tiene como resultado, en las condiciones actuales del mercado, un coste intermedio entre los dos anteriores.

De entre todos estos sistemas, cada establecimiento aplica a sus existencias el que más le conviene o el que más se adecúa a sus propias necesidades.

Por otra parte, el control de insumos hace referencia a la buena gestión del local y se debe tener en cuenta en cada momento del proceso de un servicio.

 **Nota**

Tener un buen control a la hora de dar salida a las mercancías ayudará a evitar pérdidas innecesarias y en conjunto a llevar el servicio sin sobresaltos ni errores innecesarios.

Además de los sistemas de valoración de un control de existencias (FIFO, LIFO, NIFO, etc.), se deben tener en cuenta otros factores que determinan un buen ejercicio.

Se debe considerar en primer lugar la cantidad de existencias, ya que el exceso como la escasez puede suponer una mala gestión. Se deben tener unos valores orientativos, tanto mínimos como máximos.

La **cantidad máxima en *stock*** es la cifra máxima que se tendrá en cuenta a la hora de comprar y que depende directamente del espacio del que se disponga.

La **cantidad mínima en *stock*** es la cifra de referencias mínimas de las que un establecimiento debe disponer para poder hacer frente a la demanda del local, previendo siempre que no falte género ante un servicio.

Otro de los aspectos a tener en cuenta es el **plazo de entrega** de los proveedores. Como norma general, este plazo depende de cada empresa que abastece el género y va en concordancia con la naturaleza del mismo. Es decir, habrá géneros que por sus características serán entregados diariamente y otros que lo harán semanal o mensualmente.

## 5. Procesos para evitar resultados defectuosos

En primer lugar, es preciso que un establecimiento de hostelería establezca una serie de procesos que se encargarán de evitar que finalmente los resultados sean incorrectos o defectuosos.

Para ello, lo primero que se debe tener en cuenta es que estos procesos que pueden ser tanto preventivos como correctivos y que son imprescindibles para evitar que en un momento dado durante o después de la venta al cliente aparezcan fallos o errores que puedan dejar en evidencia ante el cliente. Este hecho hace que se consiga la fidelización del cliente, que es lo que se va buscando desde que se comienza el ejercicio, ya que un servicio sin fallos es sinónimo de un servicio de calidad. La fidelización del cliente es sinónimo de buenos resultados y viceversa.

Dentro de estos procesos se puede destacar, que es inevitable que todo el personal de la plantilla esté al corriente de cómo se lleva acabo la labor siguiendo una cadena, que va desde el jefe de sala o el de cocina en su caso, y hasta los ayudantes, asimilando que una interrupción de esta cadena durante el proceso daría lugar a un resultado defectuoso, además del intento de buscar culpables, lo que dificultaría aún más las tareas del servicio correcto.

### 5.1. Etapas

Se pueden diferenciar los siguientes procesos dentro del control de insumos, que se deben llevar a cabo para que los resultados sean correctos, evitando, como se explica anteriormente, una mala gestión que pueda hacer quedar en mal lugar ante un cliente.

Se tendrá en cuenta los siguientes procesos que se dividen en las diferentes etapas que debe pasar una mercancía desde la compra hasta su transformación en ganancias: recepción de la mercancía, almacenamiento de mercancías y la salida de mercancías. Todas estas etapas se detallan a continuación.

### Recepción de la mercancía

Una vez que el pedido se ha realizado al proveedor, se pacta una fecha de entrega que puede ser diaria, semanal o mensual, dependiendo de cada caso; al igual que la orden de pago, también se pacta previamente entre el comprador y el proveedor.

Una vez que se ha comenzado este proceso, el proveedor transporta la compra hasta el establecimiento. En este momento, la persona encargada de la recepción de las compras debe asegurarse de que el medio de transporte está en correctas condiciones higiénico-sanitarias establecidas por la ley.

Una vez se ha comprobado la condiciones de transporte se procede a la descarga de la mercancía.

Esto debe hacerse siempre en presencia del proveedor, siguiendo una serie de normas preestablecidas, como:

- Si no hay nota de pedido, no es conveniente aceptar la mercancía.
- Se comparará siempre la mercancía con la nota para saber si existen discrepancias, detallando si hay algún género que falta.
- No debe quedarse nunca con géneros que no estén en la nota.
- Por último, se firma la nota que servirá como comprobante para el repartidor y se quedará con una copia como justificante de que la mercancía se ha comprobado.

 Nota

Las reclamaciones de posibles fallos o errores que aparezcan en el momento de la recepción se hacen al momento, sin embargo, para productos que no se utilizarán hasta pasado un tiempo (congelados), las reclamaciones se pueden alargar hasta el momento de su utilización donde pueden pasar semanas incluso meses.

## Almacenamiento de mercancías

Una vez que se han recepcionado las mercancías y se ha comprobado que esté todo en orden, se procede al almacenamiento. En este proceso, se deben tener en cuenta las medidas preventivas que se han llevado a cabo antes de que llegue la mercancía, como son:

- **La temperatura de almacenamiento.** Donde se debe tener en cuenta que esta será distinta en función del género y sus características.
- **La humedad.** De igual manera, debe ser la adecuada en cada caso, aunque como norma general se evitará durante todos los procesos una humedad alta, por lo que a la hora de almacenar cualquier género se hará en condiciones de ambiente seco.
- **Las normas de higiene.** Son las normas que previenen contra posibles intoxicaciones o toxiinfecciones alimentarias, y siempre estarán presentes. **Definición: toxiinfección.** Es la enfermedad que produce un alimento o bebida que está contaminado por agente patógeno (que produce enfermedad) y que hace referencia tanto a la infección en sí que produce, como a la intoxicación por las toxinas que produce este agente.
- **Las fechas de caducidad.** Como ya se explicó anteriormente, las fechas de caducidad son un punto importante a tener en cuenta, ya que pueden ser motivo de sanción por una mala gestión. A la hora de almacenar se tendrá siempre en cuenta que las referencias con la fecha de caducidad más reciente deben ser las que antes salgan del almacén. Esto se aplicará a todos los lugares de almacenamiento del que disponga el establecimiento, sean de la naturaleza que sean (congeladores, frigoríficos, cámaras, bodega, etc.).

 Importante

 Tener un almacén ordenado facilita enormemente todos los procesos.

**La salida de mercancías**

Durante este proceso, el control que se debe llevar a cabo debe ser muy exhaustivo, ya que es el determinante de que verdaderamente funciona.

En este aspecto, el control de salidas de un almacén debe ser precedido siempre de un **vale de pedido,** que será el justificante de la operación, de cara a llevar la contabilidad del establecimiento. En él, el jefe de economato debe anotar lo que se pide, quién lo pide, lo que finalmente sale del economato con la fecha y la hora y por supuesto su firma.

 Definición

---

**Vale de pedido**
Es un documento donde el personal deja constancia de los productos que desea utilizar del almacén. Este vale debe ir firmado por el jefe de sala y será el jefe de economato el encargado de dar salida a estos productos.
El personal no debe tener acceso a los productos de almacén para evitar pérdidas o errores a la hora de inventariar el almacén.

---

Por otro lado, el departamento de compras debe tener en cuenta un documento más: el relevé, que no es más que el documento, sea en el soporte que sea, que lleva la contabilidad en sí del almacén, atendiendo tanto a las entradas como a las salidas.

El relevé debe estar siempre presente para actualizarlo cada vez que entra o sale alguna mercancía.

Es responsabilidad directa del jefe de economato cualquier discordancia que exista durante un inventario, ya que se supone que es la única persona que tiene acceso al **economato** y al almacén.

## Recuerde

El economato es el lugar donde se almacena todo el género que no es perecedero. En caso del servicio en sala, el material de economato utilizado será todo aquel que no precise ningún método de conservación como servilletas de papel, palillos, sal para los saleros etc.

## Aplicación práctica

Imagine que usted es el encargado de recepcionar el pedido de bebidas de un establecimiento. Teniendo en cuenta que el pedido es de:

▌ Una caja de refrescos de cola.
▌ Dos cajas de refrescos de limón.
▌ Una caja de refresco de naranja.
▌ Dos cajas de vino rioja.
▌ 6 botellas de vino blanco corriente.

Y teniendo en cuenta que el pedido que trae el proveedor es:

▌ Una caja de refrescos de cola.
▌ Una caja de refrescos de limón.
▌ Una caja de refresco de naranja.
▌ Dos cajas de vino rioja.
▌ 8 botellas de vino blanco corriente.

Explique cómo será el proceso de recepción y cómo debe actuar ante los errores que se han percibido a simple vista.

### SOLUCIÓN

En primer lugar, con la hoja de pedido en mano, le comunico al encargado que la mercancía que han de traer, tiene dos errores que se han dado en el pedido.

Uno es que falta una caja de refresco de limón y el otro es que sobran dos botellas de vino blanco.

Continúa en página siguiente >>

<< Viene de página anterior

En este caso, las dos botellas que sobran no se quedarán en el local, por lo que se deben descontar de la hoja de pedido.

Seguidamente, le comunico al repartidor que falta una caja de refresco de limón para que tenga en cuenta que ha habido un error, y se comprueba que esta caja que falta no esté en el albarán que se ha proporcionado con la mercancía. En caso de que sí estuviera contabilizada, se le exigiría el descuento equivalente.

Por último, se comprueba la fecha de caducidad de las referencias, y una vez está todo en orden, se firma la nota y se da paso al almacenamiento.

Lo primero será contabilizar en un relevé el nuevo pedido, con el fin de llevar después un correcto control de entradas y salidas.

Para poder almacenarlo, teniendo en cuenta que las condiciones son correctas, se sacará las referencias del mismo género, que tienen una fecha de caducidad más próxima, dejándolas más a mano y tras estas, se colocará el nuevo pedido.

---

# 6. Resumen

El concepto de calidad debe ser entendido tanto desde el punto de vista del cliente como del personal que brinda el servicio, siendo partícipes de los requisitos que se asocian a ella, siempre cumpliendo con las expectativas del cliente.

Para establecer la calidad se realizan serie de diferenciaciones en cuanto a la forma de poder llevarla a cabo persiguiendo una mejora continua, evitando que una mala calidad sea la tónica en el establecimiento.

El concepto de calidad se refleja en la ausencia de defectos, siendo importante destacar los medios impuestos para el correcto control de insumos. Así, se han detallado las medidas preventivas que se deben llevar a la práctica antes de que la mercancía entre en el establecimiento, destacando el acondicionamiento físico del lugar, entre otros conceptos, continuando con las especificaciones necesarias en torno a los procedimientos correctos durante el proceso de almacenamiento, elaboración y servicio, siendo el control de stock otro de los aspectos a considerar.

En definitiva, los controles impuestos, así como la disposición hacía un servicio pretenden de forma prioritaria que el cliente goce de un producto de calidad libre de fallos y problemas y que el servicio se haga de forma llevadera sin imprevistos ni fallos que puedan entorpecerlo.

Ejercicios de repaso y autoevaluación

1. ¿Qué es la calidad?

    a. Las cualidades propias de un servicio.
    b. Los factores a tener en cuenta para que la producción de un género sea gratificante.
    c. Las cualidades propias de un producto o servicio que resultan satisfactorias para un cliente alcanzando sus expectativas.
    d. Todas las opciones son incorrectas.

2. ¿Qué es un estudio de mercado?

    a. Se trata de una valoración de todo lo referente a lo que se pretende vender.
    b. Es un análisis de los posibles compradores y de sus inclinaciones en cuanto a la adquisición de este.
    c. Se trata de hacer un recuento de los productos que se encuentran en el almacén.
    d. Las opciones a y b son correctas.

3. ¿De qué recursos se dispone para llevar a cabo una producción de calidad?

    a. Recursos locales, financieros y personales.
    b. Físicos, logísticos y humanos.
    c. Recursos locales, recursos físicos y personales.
    d. Recursos físicos, locales y humanos.

4. ¿Qué es la eficiencia?

    a. Es el procedimiento que permite obtener al final un producto de calidad, y lo hace de manera rentable en muchos sentidos durante todo el proceso.
    b. Es el procedimiento que permite obtener un producto de calidad al final del proceso.
    c. Eficiencia y eficacia es lo mismo.
    d. Todas las opciones son incorrectas.

**5. Se entiende por aseguramiento de la calidad...**

    a. ... todas aquellas acciones dirigidas a informar al cliente de que efectivamente el proceso de producción o servicio se hace cumpliendo las normas de calidad y seguridad vigentes.

    b. ... aquellos procedimientos que ayudan al cliente a comprar el producto.

    c. ... aquellas acciones que determinan que un producto sea de calidad.

    d. Todas las opciones son ciertas.

**6. Dentro de las actividades de prevención en el control de insumos, se destacan:**

    a. Inventariar el almacén al menos una vez al mes. Al hacerlo, el control de las compras se agiliza enormemente.

    b. Llevar un buen control de la mercancía tanto en su fecha de caducidad como en la cantidad de cada referencia que debe haber en *stock*.

    c. Llevar un correcto control de fechas de caducidad, teniendo en cuenta que dejar que un producto caduque es una pérdida directa.

    d. Todas las opciones son correctas.

**7. El método de valoración de mercancías LIFO hace referencia a...**

    a. ... la existencia conforme al precio de reposición. Es decir, el precio que se da a la mercancía del almacén es el mismo que esta mercancía tiene en el mercado actual.

    b. ... que la última mercancía que entra es la primera que sale. En consecuencia, el valor de coste de la última venta será igual al precio de adquisición de la última mercancía comprada y, por tanto, quedan como existencias finales las entradas más antiguas.

    c. ... que la primera existencia que entra es la primera que sale. El coste de la venta es el más antiguo de los precios de adquisición existentes.

    d. ... el valor de la mercancía es la media ponderada de los distintos precios de entrada.

**8. La cantidad mínima en *stock* es...**

    a. ... la cifra máxima que se tendrá en cuenta a la hora de comprar y que depende directamente del espacio de que se disponga.

    b. ... la cifra de referencias mínimas de que un establecimiento debe disponer para poder hacer frente a la demanda del local, previendo siempre que no falte género ante un servicio.

    c. ... el plazo de entrega de los proveedores.

    d. ... un sistema de valoración de control de existencias.

9. **Las reclamaciones de posibles fallos o errores que aparezcan en el momento de la recepción se hacen:**

    a. Al día siguiente de la recepción.
    b. No hay reclamaciones posibles una vez ha llegado el producto al local.
    c. A la semana siguiente.
    d. En el momento de la recepción.

10. **En el almacenamiento de la mercancía, antes de que llegue la mercancía hay que tener en cuenta...**

    a. ... la temperatura del almacén.
    b. ... la humedad y las normas de higiene.
    c. ... las fechas de caducidad.
    d. Todas las opciones son correctas.

# Bibliografía

## Monografías

▎ CARO Sánchez-Lafuente, A.: *Aprovisionamiento de materias primas en cocina.* Antequera: IC Editorial, 2023.

▎ GARCÍA Segura, V.: *Básico de Prevención de Riesgos Laborales para el Sector Hostelería.* Antequera: IC Editorial, 2023.

▎ VILLANUEVA López, R.: *Comunicación y atención al cliente en hostelería y turismo.* Antequera: IC Editorial, 2019.

▎ VV. AA.: *Aplicación de normas y condiciones higiénico-sanitarias en restauración.* Antequera: IC Editorial, 2022.

## Textos electrónicos, bases de datos y programas informáticos

▎ Buenas maneras, saber estar y protocolo ceremonial, de: <http://www.protocolo.org>.

▎ Confederación de empresarios de Andalucía, de: <http://www.cea.es>.

▎ El club de ensayos y trabajos, de: <http://www.buenastareas.com>.

▎ Gestión restaurantes, de: <https://www.revfine.com/es/administracion-del-restaurante/>.

▎ Recetas de cocina y gastronomía, de: <http://www.directoalpaladar.com>.

▌Venta, costes, facturación y cobro, de:
  <https://cocinayservicio.com/facturacion-y-cobro/>.